山海浙江二十亿

SHANHAI ZHEJIANG ERSHI YI

周科南　汪建国　周宗尧　等编著
朱朝晖　吕　剑　齐岩辛

图书在版编目(CIP)数据

山海浙江二十亿／周科南等编著．—武汉：中国地质大学出版社，2025.1．—ISBN 978–7–5625–5980–1

Ⅰ．P562.55

中国国家版本馆CIP数据核字第2024JK6078号

	周科南　汪建国　周宗尧	等编著
山海浙江二十亿	朱朝晖　吕　剑　齐岩辛	

责任编辑：周　豪　　　　选题策划：周　旋　　　　责任校对：张咏梅

出版发行：中国地质大学出版社(武汉市洪山区鲁磨路388号)	邮政编码：430074
电　　话：（027）67883511　　传　　真：（027）67883580	E–mail:cbb@cug.edu.cn
经　　销：全国新华书店	http://cugp.cug.edu.cn

开本：787毫米×1092毫米　1/16	字数：138千字　印张：7
版次：2025年1月第1版	印次：2025年1月第1次印刷
印刷：湖北金港彩印有限公司	

ISBN 978–7–5625–5980–1　　　　　　　　　　　　　　　　　　　定价：48.00元

如有印装质量问题请与印刷厂联系调换

浙江省地质博物馆系列科普图书
编委会

主　任：邵向荣

副主任：叶忠华

编　委：刘才荣　赵神祖　杨建梅　龚日祥
　　　　王孔忠

《山海浙江二十亿》
编委会

主　编：周科南　汪建国　周宗尧

副主编：朱朝晖　吕　剑　齐岩辛

成　员：张建芳　胡艳华　刘远栋　李启秀
　　　　王　璐　程海艳　金朔慧　王飞凤
　　　　蔡晓亮　刘凤龙　舒　强　杨泽钰

序·讲好浙江地质故事

地质历史是什么？是亿万年来的海陆变迁，是生命的周而复始，是发生在地球上的万千气象。地质历史的演变既是恢宏磅礴的，又是微小缓慢的。数十亿年的历史都记录在岩石山体中，靠地质工作者去解读它。通过不断努力，他们编制了大量地质报告，发表了许多学术论文。然而，这些科研成果的受众终究是小众群体——科研院所和地质单位，社会大众无法透过其中的专业名词去了解脚下这片大地的演变。让社会大众了解地质历史，便是一个挑战。地质科普人员需要化身"翻译官"，将晦涩难懂的地质词句转化成通俗的语言，将地质事件编缀成地质故事，再用丰富的想象力科学地塑造出一个个事件中的主角，讲述发生在"它们"身上的故事。

"它们"又是指谁？它们可以是一块块岩石，也可以是一座座山峦，本质上并无神秘可言，比如生活中常见的花岗岩、户外出游时路过的群山。脱离了地质背景的时空和脉络，它们只是石、只是山，不知来自何处，去向何方。但是如果把它们还原到具体的历史时空和背景中去，这些不起眼的石头背后，则是一段段波澜壮阔的故事，是遮天蔽日的火山爆发，是地动山摇的地质运动，是万籁俱寂的生物灾难……

46亿年的地质历史故事过于宏大遥远，不同地域因分布位置、内外动力作用等因素的差异，经历了不同的地质演变过程，承载的地质故事也异彩纷呈。让我们把目光转向中国东南隅，聚焦浙江大地，在浙江省地质博物馆的地质历史展厅，浙江20亿年来的山海变迁故事铺陈开来，琳琅满目的"硬核"地质标本安静有序地在展厅中等待与参观人员相遇。

本书为与展品相配套的科普图书，以时间为轴，结合岩石、古生物化石等标本，为读者讲述浙江沧海桑田变迁的地质故事。

作为浙江省地质博物馆系列科普图书之一，本书由浙江省地质博物馆编委会组织策划编写，具体分工如下：全书编写大纲由周科南、汪建国、周宗尧、朱朝晖、吕剑、齐岩辛共同商定；元古宙篇由汪建国、周科南、朱朝晖编写；古生代篇由周科南、汪建国编写；中生代篇由周宗尧、齐岩辛、周科南编写；新生代篇由周科南、吕剑编写。全书由周科南统稿。蔡晓亮完成书中大部分标本的拍摄，设计师林静、北京筑邦建筑装饰工程有限公司完成书中大部分插图的绘制。

本书在编写过程中得到了诸多前辈、专家和同行的指导和帮助，浙江省地质院王孔忠教授级高级工程师、王剑波高级工程师和浙江自然博物院金幸生研究员等为本书编写提供了诸多宝贵的意见，在此一并表示感谢。

限于笔者知识水平和编写经验，书中难免存在疏漏之处，敬请广大读者批评指正。

前言

山海浙江二十亿 主题手绘图

何以浙江？

云端鸟瞰，浙江背山向海，宛若东海之珠。陆地面积虽小，却集结了山地、丘陵、盆地、平原等多种地形地貌，东部蜿蜒的海岸之外更有繁星般的海岛。

作为名称中唯一都带"水"的中国省份，浙江却以山为基，西南群山林立，山脉莽苍，向东北绵延伸展。山间林田错布，江河回宛向东奔流，沿海堆积平原沃野，不虚"七山一水两分田"的名号。

岁月悠悠，山水无边，浙江从何处而来？自何时诞生？浙江是如何构建出如今层峦叠翠、飞流直下的地质景观的？这片大地上的鲜活生命又是怎样生存演化的？山野无惧沧桑，是最纯粹的见证者与记录者。让我们穿越地层，向时光深处行进，一起探寻山海浙江那段遥远壮阔的地质历史。

目录

1 元古宙 / 1

1.1 古元古代（25亿~16亿年前）/ 1
陆生于海——浙南大陆初诞生 / 1

1.2 新元古代（10亿~5.39亿年前）/ 4
俯冲碰撞——浙北大陆再形成 / 4
凛冬已至——雪球地球难幸免 / 7
堆叠不休——小小藻类筑杰作 / 8

2 古生代 / 11

2.1 寒武纪（5.39亿~4.85亿年前）/ 11
日积月累——层层岩石覆海底 / 12
安家繁衍——三叶虫类霸海洋 / 13

2.2 奥陶纪（4.85亿~4.44亿年前）/ 17
海进浙江——海侵扩大无处遁 / 17
千笔留石——黑色页岩诞墨宝 / 19
劫后余生——安吉生物居一隅 / 22

2.3 志留纪（4.44亿～4.19亿年前）/ 24
向东南前进——浙南浙北初"相会" / 24
蕨类登陆——荒凉大地终显绿 / 26
颌部初现——浙江曙鱼带曙光 / 27

2.4 泥盆纪（4.19亿～3.59亿年前）/ 29
向西北靠拢——浙江大地终统一 / 29
沉浮不定——钱塘海盆多动荡 / 30
寂静无声——古老森林现大地 / 32

2.5 石炭纪（3.59亿～2.99亿年前）/ 33
进退无常——海水时常来光顾 / 33
气候温湿——海陆生物大发展 / 34

2.6 二叠纪（2.99亿～2.52亿年前）/ 36
黑色"乌金"——地下森林蕴能量 / 36
奇异美丽——建德菊石镀金身 / 37
群鱼逐海——长兴海洋热闹多 / 40
葬礼组曲——牙形动物见浩劫 / 42

3 中生代 / 46

3.1 三叠纪（2.52亿～2.01亿年前）/ 46
扭曲变形——三层群山绕西湖 / 47

3.2 侏罗纪（2.01亿～1.45亿年前）/ 49
俯冲撞击——火山爆发惊大地 / 50

3.3 白垩纪（1.45亿～6600万年前）/ 51
漫天尘埃——山崩地裂涌岩浆 / 51
叠彩纷呈——火成岩石形各异 / 53
红盆千里——"浙"里诸多聚宝盆 / 59
龙行浙江——恐龙盛世史无前 / 62
三足鼎盛——动物群体居无虞 / 72

4 新生代 / 75

4.1 新近纪（2300万~258万年前）/ 75
火山再现——温和宁静默默流 / 75

4.2 第四纪（258万年前至今）/ 77
鬼斧神工——多彩地貌塑浙江 / 77
生物更迭——哺乳动物速崛起 / 84
海侵海退——浙江平原终形成 / 89
平原启明——人类文明传薪火 / 91

结　语 / 98

主要参考文献 / 99

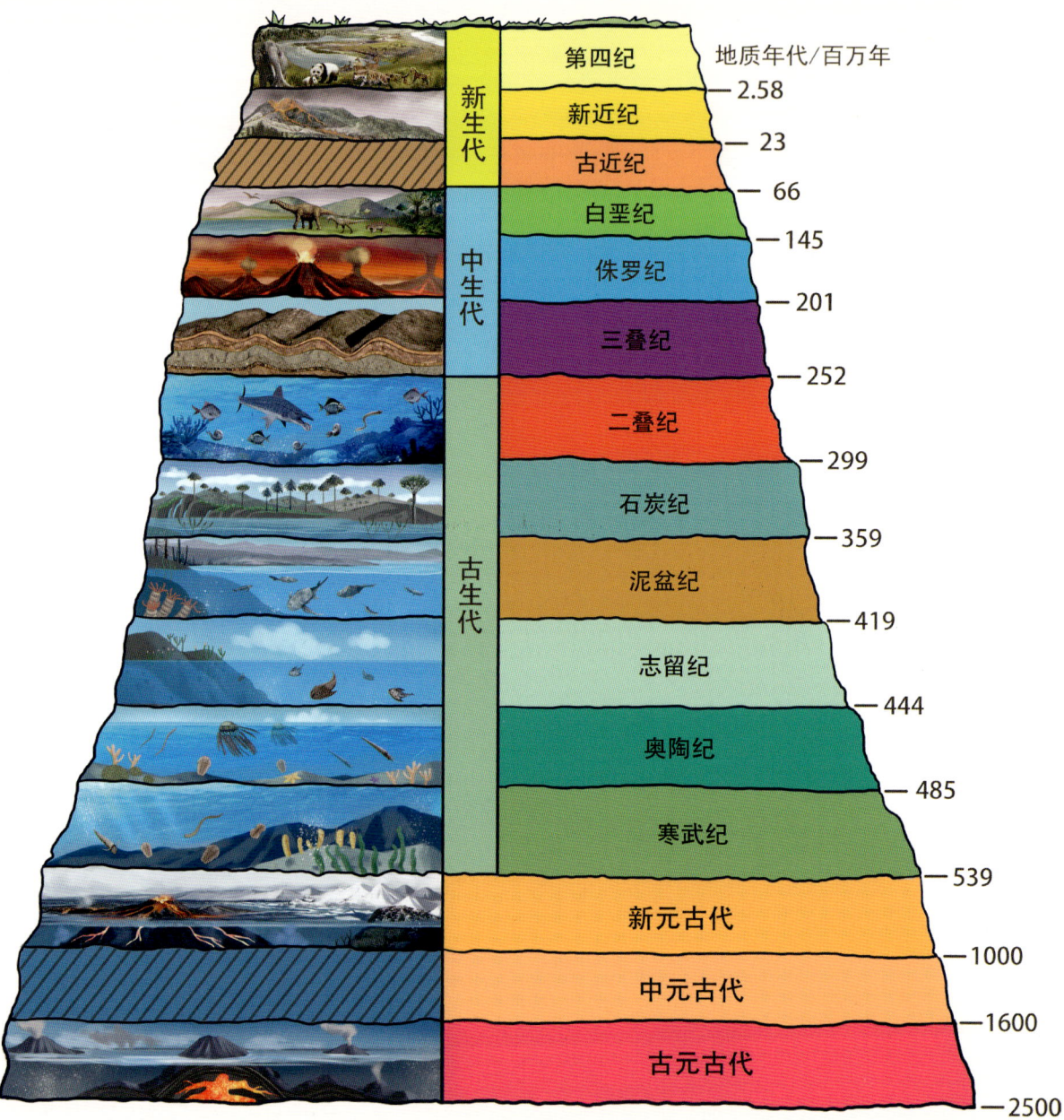

浙江地质历史示意图

1 元古宙

从万里高空俯瞰，可以清楚地看到地球上六大板块的地理分布格局。然而在地球46亿年的生命长河里，全球的海陆位置和大陆轮廓曾不断变化。在地幔对流的驱动下，板块经历新生、漂移、碰撞、拼接、分裂与消亡，逐渐走上各自的发展之路，最终形成今天的海陆分布格局。可以说，没有一个地区是永恒的陆地，也没有一个地区是永久的海洋，地表上的任何一个地方都有过沧海桑田的变迁。

镜头聚焦，来到我们脚下的浙江大地。浙江是何时诞生的呢？这得回溯到25亿年前的元古宙。元古宙分为古元古代（25亿～16亿年前）、中元古代（16亿～10亿年前）、新元古代（10亿～5.39亿年前）。浙江的故事，始于古元古代。

1.1 古元古代（25亿～16亿年前）

陆生于海——浙南大陆初诞生

天下万物皆生于无。

在遥远的古元古代，"浙江"这片土地并不存在，那里是一片汪洋。如果非要问最开始的浙江大地是如何形成的，那就得从20亿年前的火山活动说起。那场火山活动诞生了浙江最早的陆块——初具雏形的浙南大陆。

约20亿年前，海底地幔岩浆活动异常剧烈，岩浆上涌冲破地壳，形成火山喷发。多次火山活动后，大量火山喷发物堆积在古大洋中，形成的火山岛屿露出水面，浙南大陆的雏形由此初现。随之而来的是日积月累的风化和沉积，聚集形成的松散沉积物逐渐压实形成沉积岩，不断扩大陆地的规模，给浙南大陆的形成和发展打下了基础。

约 18 亿年前，随着地壳板块的持续移动和互相碰撞，这些岩石在高温高压下被加热、挤压，岩石结构特征被改造，转变成变质岩。这些"新生的"变质岩构成了今天浙南大陆最古老的基底，出露于现今浙西南的龙泉、遂昌及龙游溪口一带。分布在龙泉市八都镇一带的变质岩由于发育典型且具有区域代表性，因而被地质工作者命名为"八都岩群"。八都岩群主要由黑云斜长变粒岩、黑云片岩、长石石英岩、斜长角闪岩和斜长片麻岩等变质岩组成。根据锆石同位素年龄的分析结果，这些岩石的年龄主要集中在 20 亿～18 亿年前。

古元古代浙南大陆的形成示意图

片麻状花岗闪长岩（蔡晓亮 摄）
（形成于古元古代，产于浙江龙泉）

混合岩化斜长角闪片麻岩（蔡晓亮 摄）
（形成于古元古代，产于浙江金华）

至此，浙江最早的陆块——浙南大陆形成了。今天在浙江，发现最早的关于浙江大地的地质记录，就是这些零星分布的变质岩了。

在接下来的亿万年间，浙南大陆犹如一叶孤舟，起落浮沉于古大洋中。由于长期处于构造抬升侵蚀、剥蚀环境下，浙南大陆在之后相当长的一段时间内未接受沉积或未能保存沉积记录，以致浙江大地缺失了中元古代（16亿～10亿年前）的地质演化记录。

知识拓展

地层

在地壳发展过程中形成的层层叠叠的岩石层，被地质学家称作地层。一般先形成的在下，后形成的在上，每厘米厚的岩层可能代表着几十年甚至上万年的沉积。地层就像一本按照时间先后顺序记录着各个时代地质演化的"天书"，一旦被破译，我们就能了解地球演化的历史。迄今为止，浙江大地上发现的最古老的地层，就是成岩于20亿～18亿年前的八都岩群，也就是说山海浙江的历史大约在20亿年前就开始了。

知识拓展

浙江最古老的岩石

这块18亿年前的黑云斜长片麻岩属于变质程度较深的变质岩，是浙江已知最古老的岩石之一，也是古元古代浙南大陆存在的重要证据。它主要由黑云母、斜长石组成，黑褐色的黑云母与浅灰白色的斜长石、石英相间定向排列，构成片麻状构造，像是一块块芝麻夹心饼干。

黑云斜长片麻岩（周科南 摄）
（形成于古元古代，产于浙江龙泉）

1.2 新元古代（10亿～5.39亿年前）

俯冲碰撞——浙北大陆再形成

浙北大陆的形成，也与火山活动密切相关。

新元古代时期，扬子古陆与华夏古陆之间存在着一个古老的大洋，地质学家称之为古华南洋。9亿～7.8亿年前，受板块运动影响，古华南洋洋壳向扬子古陆俯冲，诱发深部岩浆上涌，大海中出现了火山喷发和岩浆溢流，形成了串珠状分布的火山岛弧。至此，浙北大陆应运而生，开启了属于它的演化之路。

火山岛弧形成示意图

新元古代浙北大陆的形成示意图

现今的浙西北、杭州—绍兴一带的地层中，保存着浙北大陆形成的证据链。浙北大陆最老的地层形成于距今10亿年左右，保存有古华南洋洋壳向扬子古陆俯冲导致海底火山喷溢形成的岩石组合——细碧角斑岩、角斑岩等，在现今的绍兴等地区有所出露。海底的火山喷发形成了早期的火山岛弧，陆地上的火山也开始大规模喷溢，形成英安质、流纹质火山岩类，这类岩石在杭州富阳等地区分布。

当时浙北海底火山喷发，岩浆喷发后，其外层迅速冷凝固结构成硬壳，而内部高温熔体的挤压则使硬壳破裂，高温熔体外溢冷凝形成新的硬壳。如此反复作用，形成外形酷似枕头的枕状熔岩。

枕状玄武岩（蔡晓亮 摄）
（形成于新元古代，产于浙江浦江）

该岩石为古华南洋板块向扬子古陆俯冲形成的火山岛弧的产物。熔岩在流动过程中冷却，最初的气孔被后期的矿物填充，形成杏仁状构造。

杏仁状安玄岩（蔡晓亮 摄）
（形成于新元古代，产于浙江富阳）

角闪辉石岩(蔡晓亮 摄)
(形成于8.44亿年前,产于浙江诸暨)

该岩石是目前全球唯一的超镁铁质球状岩。由地球深部岩浆侵出形成。黑褐色角闪石和黄绿色辉石相间分布,形成同心圆层结构,密密匝匝的,像巨大的铜钱一般。

浙江两块古大陆的痕迹示意图

凛冬已至——雪球地球难幸免

在浙江大地诞生的前 10 多亿年，它的演化都与炽热的岩浆相关，经历了高温高压的锤炼，但到了 6 亿多年前，却经历了一次爆冷的极端事件——全球变冷。

大约从 7.8 亿年前开始，到 6.35 亿年之前，全球气温下降。那时的地球被漫天的冰雪覆盖，气温低至零下四五十摄氏度，冰川从地球的南北两极一直延伸至赤道附近。从太空看，地球就像一个纯白的雪球，地质学家称之为"雪球地球"。地球冰冻了，浙江大地当然也难以幸免，大地一片冰川白雪，迎来了已知的"第一次大冰期"。

雪球地球示意图

为什么会出现这种极端的气候呢？目前地学界有几种假说。

一种观点认为极端气候是大陆分裂造成的。约 8.2 亿年前，地球上的超级大陆——罗迪尼亚超大陆开始分裂，在分裂过程中，增加了很多海岸，海岸边的浅滩成为最适合蓝藻等光合生物繁殖的场所，使得光合作用变得异常活跃，结果使大气中的温室气体二氧化碳大量消耗，导致地球的温室效应下降，地球降温。

另一种观点认为极端气候是火山活动造成的。地球上早期的二氧化碳之所以能保持较高的浓度，是因为火山源源不断地向大气提供二氧化碳。但在全球冰冻前期，因为火山活动减弱，二氧化碳的补给大减，温室效应减弱，地球逐步变冷。

还有一种观点则将原因指向了太阳系。宇宙中飘浮着由气体和尘埃构成的分子云。8 亿～6 亿年前，太阳系刚好穿过这团分子云，使地球接受的日照减少，导致地球变冷。

但不管如何，全球冰冻是事实，并在地球上留下了这次灾难的"痕迹"——冰碛岩。

冰川在移滑过程中，沿途会收集大量的岩石碎屑物质，这些物质随冰川一起沉积到低洼处固结成岩，便形成了冰碛岩。冰碛岩大多呈灰褐色或暗褐色，质量大，坚硬而脆。因为冰川在运动过程中沿途所携的物质都是随机的，所以冰碛岩中所含的岩石碎屑大小不一，成分多样，形状各异。

全球非常多的陆块，如南非卡拉哈里地区、加拿大安大略省以及北欧等地区，都发现大量冰碛岩的痕迹，这也证实这场全球性灾难事件覆盖范围之大，影响之广。在浙江西北的安吉、临安、开化等地，也出现它们的身影。

冰碛岩（蔡晓亮 摄）
（形成于新元古代，产于浙江临安）

当然，地球也不可能一直这么"冰封万里"。地球内部的岩浆活动还在继续，通过火山不断向外释放二氧化碳。经过亿万年的积累，温室效应再次形成，全球回暖，融化了冰冻的地球。

堆叠不休——小小藻类筑杰作

大约在6亿年前，地球告别了极寒，开始复苏。

在第一次大冰期结束后，气候变暖，冰川消融，浙江大地迎来了第一次大规模的海水入侵，导致整个浙北大陆被淹没。原本在冰封的世界里"苟延残喘"的藻类生物，在海洋环境中重新活跃起来。

浙北地区浅海广布，海水清澈，光照、温度适宜，风平浪静的水体环境使得蓝藻们世世代代在这里"安家落户"。蓝藻在生长过程中不断分泌黏性胶状物质，捕获水中的细小碎屑物和钙镁碳酸盐，沉积形成一层叠一层的叠层石。蓝藻特别喜欢阳光，白天阳光充足，蓝藻的光合作用强，向光生长，形成亮纹层；到了光线弱的夜晚，蓝藻的光合作用也随之减弱，藻丝体匍匐生长，形成暗纹层。

发现于浙江江山新塘坞村的叠层石，形成于约6亿年前，是中国南方规模最大、内容最丰富的蓝藻礁体，有着灰白色深浅相间的复杂纹层构造。如果剖开一块叠层石，横断面上叠层石呈同心圆构造，纵断面上叠层石呈向上凸起的弧形结构，就像倒扣的一叠碗。

纵断面：向上凸起的弧形结构

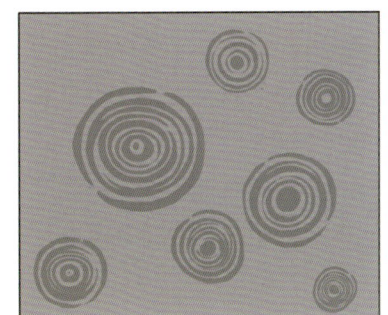

横断面：同心圆构造

浙江江山叠层石（周科南 摄）

（形成于新元古代，产于浙江江山）

知识拓展

叠层石

　　叠层石最早发现于37亿年前，到约12.5亿年前发展到顶峰。在全球范围内，几乎所有的元古宙碳酸盐岩沉积中，都发现了丰富多样的叠层石。小小的蓝藻、大大的叠层石记录着遥远的元古宙海洋里的诸多信息，同时它们也给地球带来了新的生态曙光。地球最初的大气圈组成以氢气、氦气为主，以及含有由岩浆活动释放出来的水蒸气、二氧化碳、甲烷等气体，并没有多少氧气。随着蓝藻的繁殖生长，它们不断进行光合作用，释放大量的氧气，改变了大气的组成，为此后耗氧生物的进化扫清了障碍，也为谱写生命史书的下一篇章铺平了道路。

　　遗憾的是，随着多细胞生命的兴起，叠层石逐渐走向没落，特别是5.4亿年前寒武纪生命大爆发后，叠层石就风光不再了。

2 古生代

元古宙结束后，大名鼎鼎的显生宙拉开序幕。相对地球 46 亿年的年龄，显生宙从 5.39 亿前开始，持续时间相对较短，但是这一时期的地质演化迅速，生命逐渐繁荣。显生宙从远及近依次划分为古生代、中生代和新生代。

现在的浙江是一个多山的沿海省份，然而在古生代，我们脚下的浙北大陆都还在水里泡着，毫不夸张地说，在古生代的大部分时期，浙江大地生物的繁衍进化大多都是在水下进行的。

古生代分为寒武纪（5.39 亿～4.85 亿年前）、奥陶纪（4.85 亿～4.44 亿年前）、志留纪（4.44 亿～4.19 亿年前）、泥盆纪（4.19 亿～3.59 亿年前）、石炭纪（3.59 亿～2.99 亿年前）和二叠纪（2.99 亿～2.52 亿年前）。

2.1 寒武纪（5.39 亿～4.85 亿年前）

寒武纪早期的浙西北地区是一片温暖的海域，气候闷热，空气中充斥着大量的二氧化碳，气温比现在还要高好几摄氏度。

安静的水面下，藻类正在野蛮生长。此时的藻类还不知道，在深水、缺氧的还原环境下，它们的遗体残骸会被很好地保存，与软泥一起堆积在海底，日积月累，层层叠叠，经过固结成岩作用，成为寒武纪早期发育的石煤层以及富含硫、磷的黑色碳质硅质岩。

碳质硅质岩（蔡晓亮 摄）
（形成于寒武纪早期，产于浙江安吉）

日积月累——层层岩石覆海底

在寒武纪中期,浙西北地区的气候较为干燥,通过水系带来的陆地碎屑物很少,致使浙西北一带的海面非常平静。

而水面下,却在发生着奇妙的化学反应:海水中的钙离子、镁离子等轻金属离子与碳酸根离子结合,形成了不溶于水的沉淀物。数百万年间,这些沉积物在浙西北的海床上不断层叠堆积,并经历压实和脱水等固结成岩作用,形成了大量的灰岩、白云岩等碳酸盐岩。寒武纪地层的形成,竟也和"卤水点豆腐"一样神奇。

灰岩形成于海洋环境,是碳酸钙含量大于50%的碳酸盐岩的统称。

微晶灰岩(蔡晓亮 摄)
(形成于寒武纪中晚期,产于浙江江山)

浙西北地区在寒武纪晚期的古地理环境与中期差别不大,地壳较中期略有抬升,振荡的频率有所增高,海水时深时浅。沉积环境不稳定导致沉积的地层岩石"异军突起",形状开始多样化,形成一套饼条状灰岩、条带状灰岩、瘤状灰岩和泥质灰岩等间杂混序的岩石组合。

泥灰岩夹饼条状灰岩(蔡晓亮 摄)
(形成于寒武纪晚期,产于浙江江山)

安家繁衍——三叶虫类霸海洋

寒武纪时期生命大爆发，节肢动物、腕足动物、海绵动物等似乎在地球舞台上演了一个"集体亮相"，并迅速发展演变，在寒武纪的海洋中角逐。中国云南澄江就是"生命大爆发"的典型代表地区，这里曾经是这些寒武纪生物的天堂。

如果问寒武纪最多的生物是什么，三叶虫称第二，那就没有谁敢称第一。要知道，寒武纪的别名可是"三叶虫时代"。浙江当然也不例外，寒武纪的浙江海洋中，三叶虫还没有遇到强有力的竞争对手，它们可以在这片温暖安静的浅海中自由生活，繁衍后代。在现今的江山、安吉、临安、富阳、桐庐等地，都发现了很多三叶虫化石。

这些5亿多年前的三叶虫和现在的小龙虾一样，都属于节肢动物门。三叶虫和"3"这个数字很有缘，它们的身体结构可以分为头甲、胸甲和尾甲3个部分，背上覆盖一层甲壳，甲壳纵向分为3个叶（一个中叶、两个侧叶），因此得名"三叶虫"。三叶虫身体整个形状呈卵圆形或椭圆形。

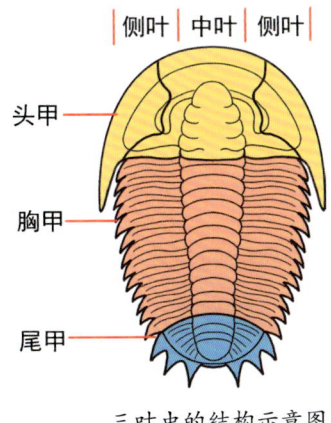

三叶虫的结构示意图

就好比小狗的种类有哈士奇、秋田犬、腊肠犬等，三叶虫作为节肢动物门下面的三叶虫纲，也有着不同的种属，因此名字也是千奇百怪，如东方湖北盘虫、浙江新柯坡虫、荷塘中华油栉虫、江山沙坝虫、卵形湖南头虫、富阳库廷虫、瘤脊似节头虫……

此时的三叶虫还不会游泳，就喜欢安静地在浅浅的海底待着，从富含养分的泥土中过滤养分、吞食微生物。这可不是因为它们懒惰，不肯在海里找吃食，而是得怪它们的身体结构。三叶虫拥有左右相对的双肢型附肢，这些附肢排列紧密，能够活动的范围很小，很难控制运动的方向，无法做出大幅度的动作。大部分三叶虫都是爬行在海底的底栖动物，安安稳稳地在海洋中生活着。

寒武纪浙江的海底世界复原示意图

日子虽然安稳，但由于地壳运动的变化，总是会有天灾意外来临。海水涌动，忽然迎面而来的泥质物质将三叶虫快速掩埋，并造成了大规模的死亡。由于隔绝了空气，三叶虫的壳体被很好地保存在了泥沙之中，泥沙逐渐固结成为沉积岩，三叶虫也就变身成为了岩石中的化石。在目前发现的寒武纪化石中，三叶虫占较大部分。

寒武纪中晚期，称霸浙西北地区海底的三叶虫出现了一个新的种类——球接子，有来自诸暨店口镇的刺光尾球接子、江山碓边的东方拟球接子、常山天马山的胄甲雕纹球接子……它们的个头非常小，只有几毫米长，头部和尾部闭合后像个小球，中间只有两个胸节；是三叶虫中胸节数目最少的种类。球接子生活在靠浙西地区的海域。与中华油栉虫这些老前辈不一样，球接子不愿意在海底讨生活，凭借娇小的个头、轻盈的身体，漂洋过海，在全世界海洋中"旅行"。

球接子中有一个大名鼎鼎的明星——东方拟球接子。虽然它只比蚂蚁大了一点点，但是来头可不小。2011年，东方拟球接子定义了寒武系芙蓉统江山阶底界，一举成为中国第10枚"金钉子"——江山阶金钉子的标准化石。

东方拟球接子化石（殷苏杭 摄）

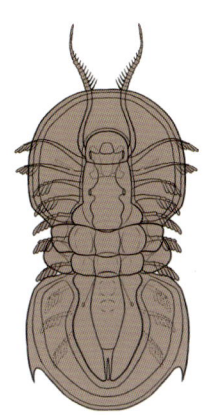
东方拟球接子结构示意图

不光是三叶虫，浙北地区的海域中还生活着一些小壳生物，如软舌螺。软舌螺的外形像一个冰淇淋，软体被锥状的外壳包裹，口端还有一个盖子，盖子两侧伸出弯曲的附肢。软舌螺虽然外形像冰淇淋，但是体型和冰淇淋差得不是一星半点，它们特别小，只有几毫米大，就像一颗颗米粒。由于个子小，软舌螺的防御能力几乎为零，常常成为个体相对较大的三叶虫的"盘中餐"。

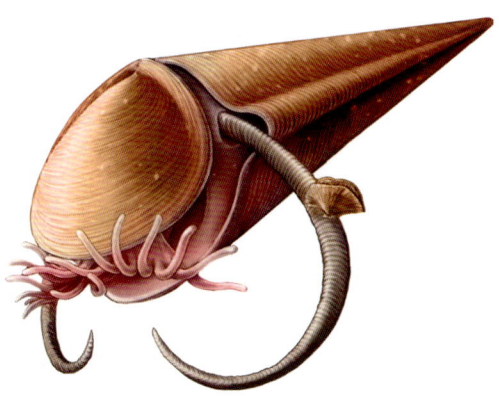
软舌螺复原图（据中国地质大学逸夫博物馆）

知识拓展 什么是"金钉子"？

"金钉子"的正式名称为"全球（年代地层单位）界线层型剖面和层型点"（GSSP），是指在一个特定的地层序列中，一个特定的标志点被选作定义和识别某一地层界线的全球标准。通过确立一系列代表不同地层的标准，就可以把全球年代地层依次划分为太古宇、元古宇、显生宇，每一个宇的时间内，又进一步划分出次一级的年代地层单位，如界、系、统、阶，就像中国古代史里的一个个朝代。

现代地层学普遍采用一个特定的古生物物种的首次出现层位来定义"金钉子"。那为什么寒武纪的东方拟球接子能够成为"金钉子"呢？它有什么特别之处吗？

要想成为一枚"金钉子"，这个定义物种的首次出现需要有全球等时性，并且能在全球快速扩散分布。陆生生物容易受到高山、峡谷、河海的阻隔，不易扩散；底栖的海生生物行动不便。所以，能靠漂浮、浮游快速扩散到全球的海洋生物就成为首选。除此之外，这类生物还得数量多、演化快、特征明显。东方拟球接子都符合了这些要求，因此成为了寒武纪江山阶"金钉子"的标准化石。

既然寒武纪留下来这么多三叶虫，那我们如何找到浙江的三叶虫化石呢？

三叶虫属于海生无脊椎动物，在寒武纪晚期到奥陶纪早期达到全盛，化石主要分布在寒武纪到奥陶纪的海相地层中。浙江的海相地层主要分布在浙西北地区，因此在江山、常山、诸暨等地的地层中可以找到三叶虫化石。一般岩石的开挖露头处可能是理想的采集点，如采石场、水库周边。深灰色的页岩或灰岩这类沉积岩往往是三叶虫的"藏身之处"。

三叶虫是一种群居性比较强的生物，找到一只后，可以在附近找到很多只。一般来讲，三叶虫的尾部比较容易被保存。

三叶虫化石尾部（周科南　摄）

2.2　奥陶纪（4.85亿～4.44亿年前）

海进浙江——海侵扩大无处遁

　　浙江奥陶纪时的古地理和构造环境基本与寒武纪相似。但是奥陶纪时期的浙江大地有自己的特点，那就是"海侵进一步扩大"。海侵是一种地质现象，指在较短的地质时间内，地壳下降或者海平面升高造成海水对大陆侵袭的过程。对于整个地质演化来说，海进海退的过程是相对短暂的，但其本身持续的时间在几万年到几千万年不等。

　　放眼整个地球，奥陶纪是地质历史上广泛遭受海侵的时代，因此浙江也"在劫难逃"。

奥陶纪浙江的海底世界复原示意图

奥陶纪早期，浙西北地区主要是浅海陆棚与滨海沉积环境，沉积形成了泥岩和碳酸盐岩。到了奥陶纪中期，海侵扩大，海水加深，演变为浅海—次深海环境，沉积形成了页岩和硅质岩。

硅质岩是一类二氧化硅含量高于50%的化学沉积岩，主要产于深海环境。硅质岩质地坚硬，呈浅灰色或黑灰色。

条带状硅质岩（蔡晓亮 摄）
（形成于奥陶纪，产于浙江江山）

地壳并不是静止的，到了奥陶纪晚期，浙江的地壳发生不均匀抬升，江山至杭州一线成为了分水岭。分水岭以东一侧水体较浅，为开阔海台地，沉积了具有瘤状构造的碳酸盐岩及钙质页岩；分水岭以西一侧的水体相对较深，为浅海陆棚地带，主要沉积青灰色瘤状灰岩、硅质和钙质泥岩。

瘤体呈椭球状和疙瘩状，大小不一。这些瘤体主要为微晶灰岩，包着瘤体的基质则是钙质泥岩。在水底压力的作用下，微晶灰岩被拉断或发生细颈化，形成瘤体。

瘤状灰岩（蔡晓亮 摄）
（形成于奥陶纪晚期，产于浙江常山）

千笔留石——黑色页岩诞墨宝

页岩是一种沉积岩，在静水环境下，泥沙缓慢沉积，形成薄如书页的层状结构，因此得名。页岩的成分比较复杂，根据物理化学性质可分为钙质页岩、铁质页岩、硅质页岩、碳质页岩等。

运气好的话，还能在一些古老的碳质页岩上发现密密麻麻的笔石化石痕迹。

笔石化石（蔡晓亮 摄）

（形成于奥陶纪，产于浙江诸暨）

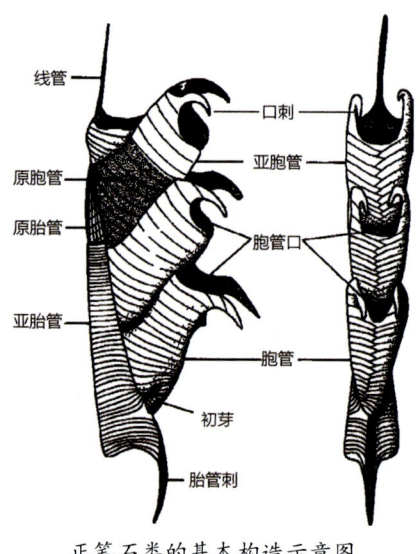

正笔石类的基本构造示意图

笔石是奥陶纪海洋中一种小型无脊椎动物。之所以被称为笔石，是因为它们的化石看起来特别像铅笔在岩石上书写的痕迹。它们的名字"Graptolites"，拆分开来便是希腊语"Graptos"（书写）和"Lithos"（石头）。

笔石由一个胎管和多个胞管组成，胎管上连续规则地生出一个个胞管，胞管按一定规律相连，排列呈枝状，形成笔石枝。整个笔石相当于一个"集体宿舍"，每个胞管中住着小小的笔石虫。胞管的形状有弯有直，古生物学家根据胞管和笔石枝的形态差异，将笔石分成不同的种属，目前全球有600余个笔石属。

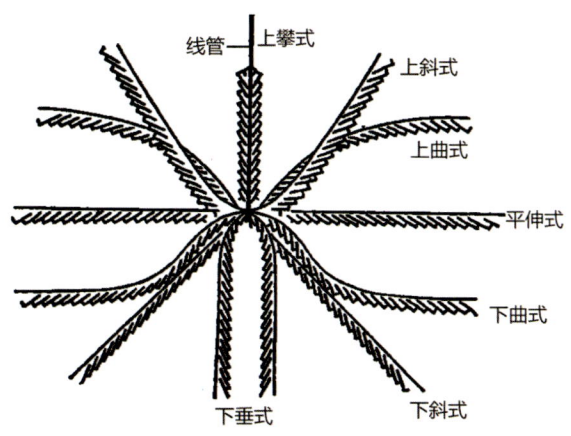

笔石枝的生长方向示意图（据门凤岐和赵祥麟，1993）

奥陶纪早中期，阳光充足、气候温暖，浙江海洋中的笔石呈现爆发式增长，从海底底栖类笔石向海面全方位出现了众多的浮游类笔石属种。在如今的浙西地区，发现了多种类的笔石化石，如桐庐的狭窄假叶笔石、阿斯克四笔石，诸暨的隐笔石、古栅笔石，江山的毕氏四笔石、剑形三角笔石……有些笔石悬挂在浮泡上，在浙西地区的海洋里"闯荡"。

然而到了奥陶纪晚期，气候变得寒冷，早期温暖环境下生活的笔石因不适应环境变化而灭亡，仅在阳光照射到的海水表层位置残留种类单一、上攀式浮游生活的笔石。

浙江香蕉笔石 *Arienigraptus zhejiangensis*（据 Chen 和 Bergstrom，1995）
（产地：浙江江山横塘宁国组）

剑柄假等称笔石两面亚种 Pseudisograptus manubriatus janus（据 Chen 和 Bergstrom，1995）
（产地：浙江江山）

笔石体呈细长条状，长度通常为 10～13 毫米，始端呈"U"形，两边近平行，胞管呈"S"形。

澳洲齿状波曲笔石 Undulograptus austrodentatus
（据 Chen 和 Bergstrom，1995）

笔石的演化速度非常快，"长江后浪推前浪"，一个笔石种一般只存在一两百万年，就会被新的笔石种取代，因此笔石可以作为判定地层地质年代的标准化石。在衢州常山，有一个笔石种就因能确定地层年代而出名了，它就是"澳洲齿状波曲笔石"。它定义了中国第一枚金钉子——"奥陶系达瑞威尔阶金钉子"。

劫后余生——安吉生物居一隅

与寒武纪相比，奥陶纪早期气候更加温和，海域广阔，这给海洋生物提供了良好的生活环境，海生生物的种类大幅度增加，如珊瑚、层孔虫、三叶虫、苔藓虫、鹦鹉螺……在浙西北地区的海域中肆意生长。

然而，灾难忽然降临——全球第一次生物大灭绝来了。奥陶纪末期，地球气温骤然下降，进入一次短暂但比较强烈的冰川期，全球海水温度在50万年内下降了大约5摄氏度，冰川的形成导致海平面持续下降。由于海洋生态环境发生剧烈变化，全球85%的海洋生物的生命定格在了4.45亿年前，海洋生态系统遭受重创，海底一片沉寂荒芜。

大部分生活在浅海的生物受环境影响而死亡，仅小部分生物顽强地向海洋深处迁徙，通过自身的调整，逐渐适应深海环境。在浙北地区的海洋深处，就有这么一群"劫后余生"的生物继续繁衍生息。因为它们的生命遗迹在安吉县杭垓镇被发现，所以被命名为"安吉生物群"。

安吉生物群包括笔石、海绵、腕足类等多门类生物，其中最耀眼的生物便是底栖固着的海绵动物。浙江安吉发现的海绵动物化石已超过75种，如普通海绵、六射海绵、网针海绵、原始单轴海绵等，是目前已发现的地史时期最为丰富多样的海绵动物群。

手指海绵化石（蔡晓亮 摄）
（形成于奥陶纪晚期，产于浙江安吉）

2.3 志留纪（4.44 亿～4.19 亿年前）

向东南前进——浙南浙北初"相会"

志留纪时期，浙江发生了一件惊天动地的大事——浙北大陆与浙南大陆中的武夷地块拼接了！

浙南大陆分为武夷地块和东南地块两个小地块，武夷地块出露于现在的龙泉附近，东南地块出露于现在的浙东南一带。4.7 亿～4.35 亿年前，随着古华南洋朝着东南方向向武夷地块俯冲，浙北大陆逐渐靠近武夷地块，最终碰撞拼贴形成著名的江山-绍兴对接带，浙南、浙北初步完成了"相会"。

其实这场"相会"还是很猛烈的，在对接带中遍布着当时两大陆块拼接的痕迹。浙江龙游的榴闪岩，就是 4.4 亿年前陆块碰撞时在产生的超高压环境中形成的榴辉岩经过退变质而成，岩石中保留有退变质证据。在榴闪岩中还发现了金刚石，表明它曾经历了高压—超高压变质过程。

榴闪岩（蔡晓亮 摄）
（形成于志留纪，产于浙江龙游）

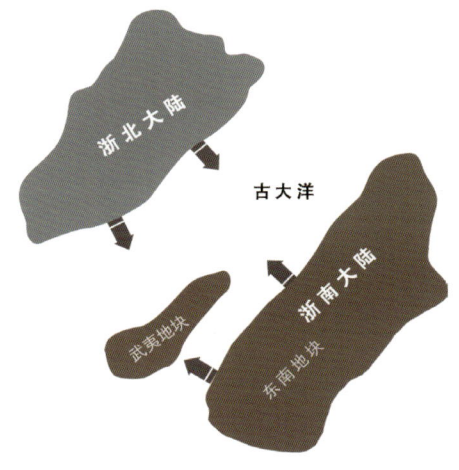

浙北大陆与浙南大陆（武夷地块、东南地块）分布示意图

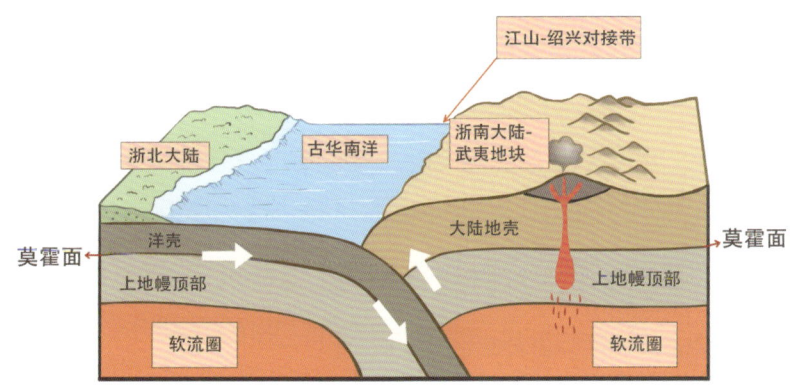

浙北大陆与武夷地块拼接示意图

　　这一拼接，改变了浙江从寒武纪以来的地貌格局。浙西北地区逐渐演变成浅海—滨海环境，沉积中心逐渐向北移至安吉一带，形成大量的砂岩、泥岩。

　　这块岩石具有砂岩、泥岩互层特征。砂岩和泥岩交替沉积，致使岩石表面颜色深一层、浅一层。它的形成是由沉积物颗粒的大小和质量差异以及水流的流动性差异导致的。在水流缓慢的情况下，较细的泥质沉积物堆积在一起，形成泥岩；在水流湍急的情况下，较粗的砂质沉积物堆积成岩。两者交替沉积，最终形成砂岩和泥岩互层的岩石。

砂岩、泥岩互层（蔡晓亮　摄）
（形成于志留纪，产于浙江桐庐）

蕨类登陆——荒凉大地终显绿

元古宙，蓝藻开始出现。它们是生活在海里的，在海底进行光合作用，当时的陆地上还没有植物的身影。所以别看现在大地上绿意盎然，其实在四五亿年前，地球陆地表面到处都是岩石和砂砾，满目荒凉，没有一丝生机。

那大地是什么时候开始出现绿色的？这就得从植物登陆说起。

世界范围内陆地植物的进化演变，在志留纪发轫。志留纪时期，造山运动使得海洋变浅、陆地面积扩大，低湿平原、洼地相继出现，为植物的进化与登陆准备了条件。志留纪晚期，一株小小的库克逊蕨想要去陆地看看，寻找别样的生活，它们勇敢地迈出了第一步，在浅水湿地处扎根生长。植物登上陆地，为生命世界开辟了崭新的领域，改变了自然景观，为高等生命的演化铺平了道路。

浙江古陆上，或许也出现了早期蕨类的身影。这些绿色的、小小的植物登陆先锋，一步步为陆地披上绿装。

库克逊蕨

库克逊蕨是一种既没有根也没有叶的矮小植物，形态很简单，具有若干次的二歧式分支，顶端连着肾形的孢子囊。库克逊蕨化石是志留纪最具代表性的植物化石之一。

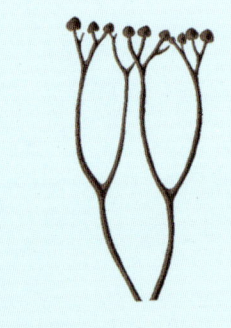

库克逊蕨复原图（据徐洪河，2009）

蕨类登陆复原示意图

颌部初现——浙江曙鱼带曙光

植物大军勇往直前，海洋里的动物们也不甘示弱。在志留纪时期，除了笔石、腕足类、三叶虫、双壳类、腹足类等海生无脊椎动物外，原始的脊椎动物——无颌类鱼类相继出现。这些鱼儿的样子都很"萌"，它们的整个头部被一块又厚又硬的盾状扁平头甲包裹，头部有两个圆圆的眼睛，在最前端还有一个很大的椭圆形洞，那可不是它的嘴巴，而是大鼻孔，嘴巴则长在头甲腹面前端，呈孔状或裂缝状，用来滤食海洋中的生物。

志留纪浙江的海底世界复原示意图

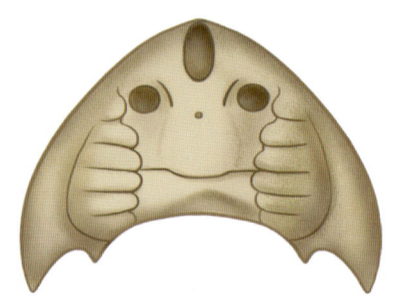

浙江中华盔甲鱼背视示意图（据盖志琨，2005）

志留纪晚期，一种名叫浙江曙鱼的鱼出现了。浙江曙鱼的体长约1.3厘米，宽约1.7厘米，非常小巧。个子虽小，但是浙江曙鱼的意义非常大。"曙"，寓意"曙光、新生、希望"，类似"始祖鸟"的"始"。不光是名字，浙江曙鱼在生物进化史上的地位也可与始祖鸟相提并论。志留纪时期的鱼，大部分都是无颌类的鱼，它们的嘴无法开合，只能像吸尘器一样将海底生物和泥沙一起吸进肚子。而浙江曙鱼则是由无颌鱼进化到有颌鱼的中间环节，它们的脑颅中已经出现了成对的鼻囊、眶鼻间隔、筛骨板等（盖志琨等，2005），而这些都是有颌脊椎动物的典型特征，说明无颌类的曙鱼头骨中已经开始孕育颌骨。当鱼类有颌骨后，嘴巴便可以上下开合，这使得它们可以捕食软体动物、无脊椎动物等体形较大的猎物，获取食物的效率大大提高。浙江曙鱼的出现，为有颌鱼类的起源带来了曙光，所以有了这个响当当的名字。

浙江曙鱼复原图（据盖志琨，2022）

浙江曙鱼正型头骨化石标本（据中国古动物馆）

2.4 泥盆纪(4.19亿～3.59亿年前)

向西北靠拢——浙江大地终统一

时间到了泥盆纪中晚期,这一时期最轰轰烈烈的大事,莫过于统一的浙江大地正式形成。

约4亿年前,东南地块开始向西北方向运动,与武夷地块碰撞,形成了丽水－余姚结合带。这一次运动也形成了统一的浙江大地。至此,浙北和浙南大陆开始"携手并进",共同开启地质演化新征程。

在东南地块与武夷地块碰撞拼接时,板块运动强烈,在丽水－余姚结合带内的龙泉等地,发育了一套中深变质岩。

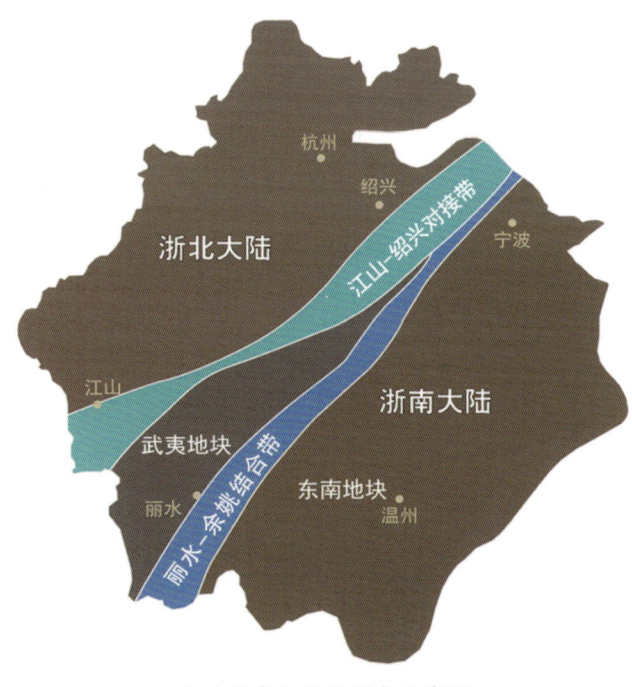

古生代浙江大陆形成示意图

二云石英片岩是一种含石英较多的具有片状构造的区域变质岩石。片岩中含有大量薄的、片状的云母矿物，这赋予它表面类似亮片的光泽。在东南地块与武夷地块碰撞拼接时，板块运动强烈，形成一套变质岩，这块二云石英片岩就是当时岩石变质后的产物。

二云石英片岩（蔡晓亮 摄）
（形成于泥盆纪，产于浙江龙泉）

沉浮不定——钱塘海盆多动荡

约 3.8 亿年前，浙江的地壳一直处于小幅度抬升和沉降状态。由于受全球海平面上升影响，海水自北向南沿杭州—建德—常山一线坳陷地带侵入，形成钱塘海盆。钱塘海盆的西南、东南、西北多环山，只有北部杭嘉湖地区和东部的兰溪—绍兴一带为坳陷边缘，这使得钱塘海盆成为了一个半封闭式的海湾。

那时候的天气温热，钱塘海盆初期的水体相对较浅，处于滨海—河海三角洲环境。加之海水动力作用较强，钱塘海盆沉积了一套巨厚的碎屑物。这些碎屑物经过沉积压实作用后，形成石英砂岩。

石英砂岩是一种固结的砂质岩石，颗粒粗，孔隙大，石英及硅质岩屑的含量超过95%。

石英砂岩（蔡晓亮 摄）
（形成于晚泥盆世，产于浙江长兴）

> **知识拓展**

泥盆纪——鱼类时代

如果说志留纪的曙鱼还是小小一条，那么泥盆纪的鱼类无论是种类还是体型，都有着极大的发展，各种鱼类空前繁盛。因此，泥盆纪也被称为"鱼类时代"。

身披盔甲的盾皮鱼

盾皮鱼是从无颌类进化出来的最原始的有颌鱼类。最有代表性的盾皮鱼就属"胴甲鱼类"和"节甲鱼类"了。胴甲鱼类的头部、躯干和胸鳍覆盖着由多块甲片组成的骨甲，如果忽略它们的尾巴，就宛如一个坚硬的铁盒子。节甲鱼类中邓氏鱼最具代表性，邓氏鱼的体长可达10米，庞大的身躯外加强有力的上下颌骨，使得它们在水中所向披靡。

除了盾皮鱼外，当时还出现了有着硬骨架的硬骨鱼，它们是现代硬骨鱼的祖先。到了泥盆纪晚期，甚至出现了能够用鳍爬行的肉鳍鱼，它们的一支或许已经厌倦了水下的生活，开始尝试着离开水体，就这样两栖动物的祖先——鱼石螈等出现了，海洋生物迎来了爬向更为广阔陆地的曙光。

泥盆纪海洋中的鱼类复原示意图

寂静无声——古老森林现大地

这一时期,浙江的海里很热闹,海陆交界处的植物也在蓬勃进化生长。

泥盆纪又被称为"裸蕨时代",这一时期,拥有复杂枝条的蕨类植物开始大量繁殖,它们的体型也不断变高变大。到了泥盆纪晚期,高大的蕨类植物种类越来越多,形成了地球上古老的"小森林"。这片蕨类森林中没有鸟叫和虫鸣,既不开花,也不结果,只有枝叶相互摩擦的响声。

彼时的萧山至长兴一带,巨大西湖叶、伸长西湖叶、伪弱楔叶这些蕨类植物大军们正在海陆交界处的潮湿海滩上肆意生长。

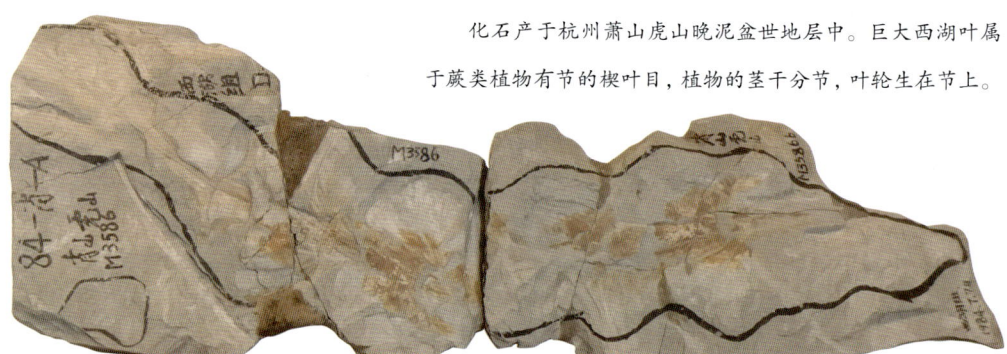

化石产于杭州萧山虎山晚泥盆世地层中。巨大西湖叶属于蕨类植物有节的楔叶目,植物的茎干分节,叶轮生在节上。

巨大西湖叶化石标本(据西湖博物馆)

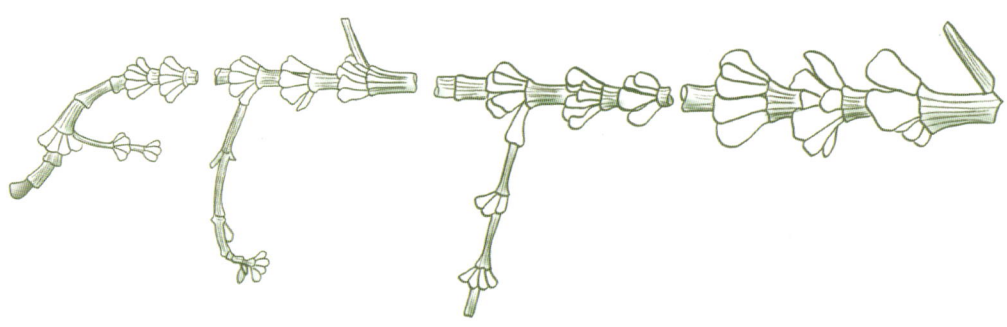

巨大西湖叶复原图(据陈其奭,1988)

2.5 石炭纪（3.59亿～2.99亿年前）

进退无常——海水时常来光顾

泥盆纪晚期，浙西北已经抬升成陆了。然而好景不长，在石炭纪的这6000万年间，随着地壳的起伏，海水总是反反复复入侵与退却，浙西北的大陆时而浸泡在海水里，接受泥沙的沉积，时而露出水面。

石炭纪早期，海水的入侵使得安吉-湖州地区处于滨海环境，沉积形成了砂质泥岩。常山-金华地区拗陷成海，由于基底起伏不平，水体较浅，伴随海水韵律性地进退，成为滨海沼泽环境，沉积形成了粉砂岩、泥岩、石英砂岩等。

时间来到了石炭纪中晚期，浙江一带的地壳沉降，导致海侵范围急剧扩大，海水同时从南、北两个方向涌入浙西北，整个浙西北甚至浙闽古陆边缘的江山廿八都都被海水淹没，形成了大量厚实的碳酸盐岩——白云岩、灰岩等。

白云岩（蔡晓亮 摄）
（形成于石炭纪晚期，产于浙江长兴）

气候温湿——海陆生物大发展

石炭纪全球的平均气温达 20 摄氏度，湿热的气候环境，给陆生植物提供了非常好的生长条件。高大的鳞木、古芦木还有枝脉蕨等植物，相继在浙江出现并繁盛，占领陆地沼泽。

石炭纪时期浙江的海陆环境复原示意图

石炭纪的大部分时间，浙西北这片大地还是被海水覆盖的，温暖的海洋中，海生生物生活得潇洒肆意，蜓、珊瑚、菊石、海百合、腕足类等生物都在这里安居。

蜓是一种非常小的生物，一般只有 3～6 毫米长。它们在石炭纪早期开始出现，主要生活在浅海区域，以栖居海底或漂浮为主，因身体形状以纺锤形最为常见，又被称为"纺锤虫"。

别看蜓只是低等的单细胞浮游动物，但是它们却有构造复杂的坚硬壳体，极易保存为化石。蜓在二叠纪末期就已经灭绝了，是石炭纪、二叠纪的重要标准化石。

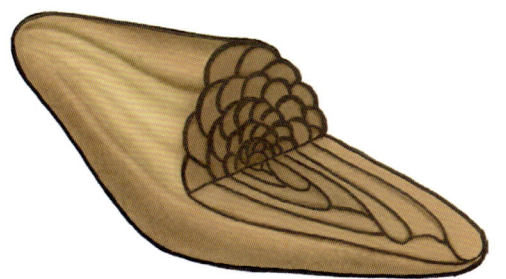

䗴壳构造示意图

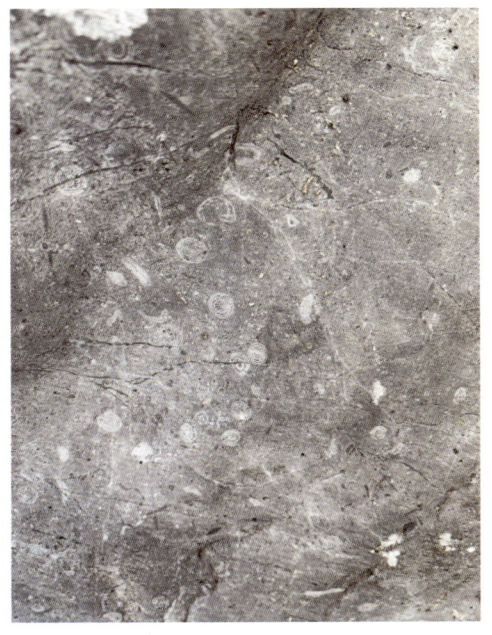

䗴化石截面（施展乐 摄）
（产于浙江杭州）

䗴的化石特别小，数量又多，所以它们的化石会被碳酸钙胶结，形成灰黑色的灰岩。这块生物碎屑灰岩中密密麻麻的小圆点就是䗴的化石。

此时海里的海百合也在"绽放"着。海百合听着像是一种生活在海里的植物，其实它是一种长得像百合花的动物，身体呈百合花状，有一个像茎一样的柄，柄上端的羽状体为触手，其上生长着消化、生殖、循环等器官。在石炭纪，浙江海洋里随处可见海百合婀娜的身影，它们与苔藓虫、腕足类动物等在海底"打地铺"，形成像草地般的覆盖面。

海百合复原图

> **知识拓展**
>
> **石炭纪——巨虫时代**
>
> 石炭纪还有个别名，叫作"巨虫时代"。由于植物茂盛，当时地球上的空气中氧气含量非常高，使得生活在陆地沼泽里的昆虫异常硕大，体长 2～3 米的马陆、翅膀长度超过 1 米的蜻蜓都在林间生活。这一场景在现在想来，真是不可思议。

2.6　二叠纪（2.99 亿～2.52 亿年前）

黑色"乌金"——地下森林蕴能量

石炭纪的浙江受到海侵影响，处于海洋环境。但是到了二叠纪，地壳抬升，钱塘海盆逐步从浅海环境向三角洲、沼泽环境变化，陆地面积不断扩大。

二叠纪浙江沿海陆地环境复原示意图

二叠纪是重要的成煤期，地层中埋藏了丰富的煤炭，这与当时的造煤植物和逐渐扩张的陆地沼泽有很大关系。炎热潮湿的气候下，三角洲、沼泽中植物非常茂盛，当植物枯萎后就会埋藏到泥土中，形成一层厚厚的腐殖土。由于沼泽泥浆和淤泥的覆盖，这些腐烂的植物被埋得越来越深，并逐渐被压实加热，在合适的温压条件下成煤。海水时进时退，每当海水退却，沼泽陆地中的植物便在炎热潮湿的环境下迅速繁盛，"一茬又一茬"的森林就这样诞生了，为煤的形成提供了源源不断的原材料。

经过数百万年时间的煤化作用，这些二叠纪的植物就变成了现今的煤炭，很多二叠纪形成的沉积盆地中都含煤层。

石煤（蔡晓亮 摄）
（形成于二叠纪晚期，产于浙江桐庐）

奇异美丽——建德菊石镀金身

菊石是一种和鹦鹉螺类似的头足纲软体动物，诞生于奥陶纪中期，到白垩纪晚期灭绝，大约有280属，2000多种。菊石的壳大多呈螺旋形，像一个圆盘，壳的里面有着由隔板密封起来的一个个"小房间"，最外边的那个房间叫作"住室"，是菊石软体居住的地方，其余的房间都称为"气室"，"气室"的功能与潜水艇的浮力系统很像，通过调节其中的气液平衡来实现菊石在水体中上下移动。菊石也称得上晚古生代海洋中的捕食佼佼者，靠着灵活的游泳能力和有力的触手，捕食比它们小的节肢动物、甲壳动物。

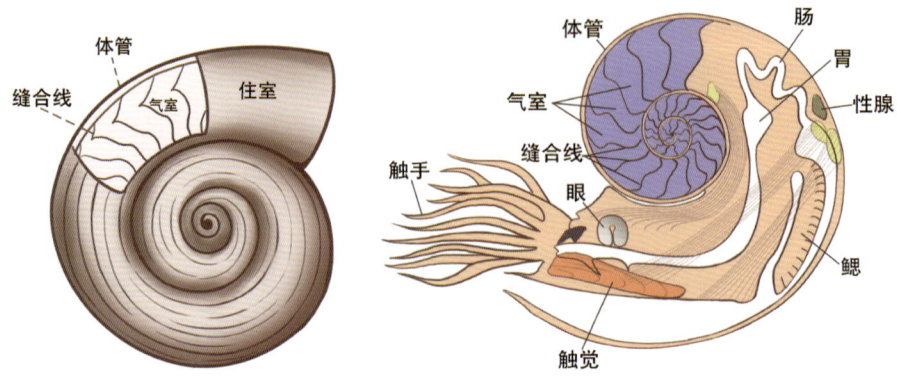

菊石壳体内的结构示意图

二叠纪晚期，大约在 2.6 亿年前，建德李家镇的菊石在浅海中也开辟着新天地。由于地壳抬升，水体变浅，建德李家镇处于局限海环境。陆源碎屑带来充足的养分，适合菊石大量繁殖。

生长在二叠纪浙西地区浅水海域中的菊石种类很丰富，已经定种的有寿昌道比赫菊石、李家阿尔图菊石、线性刺猬状菊石、球形墨西哥菊石……它们有着鲜明的形态特征，如李家阿尔图菊石壳体外卷、呈盘状，寿昌道比赫菊石壳体半内卷、呈厚盘状，还有些菊石的壳体表面有着瘤、肋状的装饰。这些装饰可不是虚有其表，它们可以提高壳体的强度，使菊石在游泳或爬行时，抵御浅水区域相对较强的水动力。

李家阿尔图菊石化石
（据建德李家镇化石馆）

寿昌道比赫菊石化石
（据建德李家镇化石馆）

与菊石一同生活着的，还有腕足类、双壳类、鹦鹉螺、海林檎、海胆等生物。海胆表面长着很多尖刺，向四面八方延伸，宛若海中的刺猬；鹦鹉螺有着布满美丽花纹的螺旋形外壳，成群结队漂浮在浅海觅食；海林檎固着在海底，球形的萼上有着伸展着的触手。

知识拓展

黄铁矿化菊石

仔细观察李家镇出土的这些 2 亿年前的菊石，会发现它们通体金黄、质地坚硬，仿佛是用黄铜打造的工艺品。其实不然，这些漂亮的金黄色菊石化石，属于纯天然的很少见的黄铁矿化古生物化石。

黄铁矿化菊石化石（据建德李家镇化石馆）

黄铁矿即硫化亚铁（FeS_2），有着浅黄铜色和明亮的金属光泽。李家镇的菊石都生活在海中，海中普遍存在铁元素。当菊石死亡后，有机体腐烂分解释放出硫化氢，与海底淤泥中的铁离子发生化学反应，生成硫化亚铁，也就是黄铁矿。黄铁矿在形成的同时，与生物体的交代替换及充填作用开始了，黄铁矿逐步"入驻"生物化石体内，取代原来的钙质，形成黄铁矿化的菊石。

李家镇出土的黄铁矿化菊石化石，对研究二叠纪浙江的古地理环境有着非常高的价值。由于异常精美的外观，它也具有非常高的观赏、收藏价值。

群鱼逐海——长兴海洋热闹多

二叠纪晚期,浙西北又遭遇了一次海侵,这使得长兴-湖州地区形成了海盆环境,沉积了许多碳酸盐岩。这个海盆可不得了,竟然还有鲨鱼!20世纪90年代,在长兴一块厚厚的黑色亮晶灰岩中,发现了11枚连续完整的牙齿化石,经古生物学家鉴定,这就是中华旋齿鲨的牙齿化石。中华旋齿鲨的学名叫"Helicoprion",直译过来就是"环状的锯子",所谓"鱼如其名",旋齿鲨的嘴巴很长,圆弧形的齿列就长在下颚当中,齿列两旁还长着碾压型的侧齿。无论是在形体上,还是在牙齿的攻击力上,中华旋齿鲨都不愧是二叠纪晚期浙江的海洋霸主,倒霉的海洋软体动物一旦被其螺旋状的利齿钩住,几乎没有逃脱的可能。或许当时的旋齿鲨,就像我们现在"嗦"螺蛳一样,在海里"嗦"菊石。

可惜旋齿鲨的内骨骼几乎都是由软骨组成,就像组成耳朵的骨头一样,软骨很难保存成化石,只有牙齿这样坚硬的部分保存了下来。

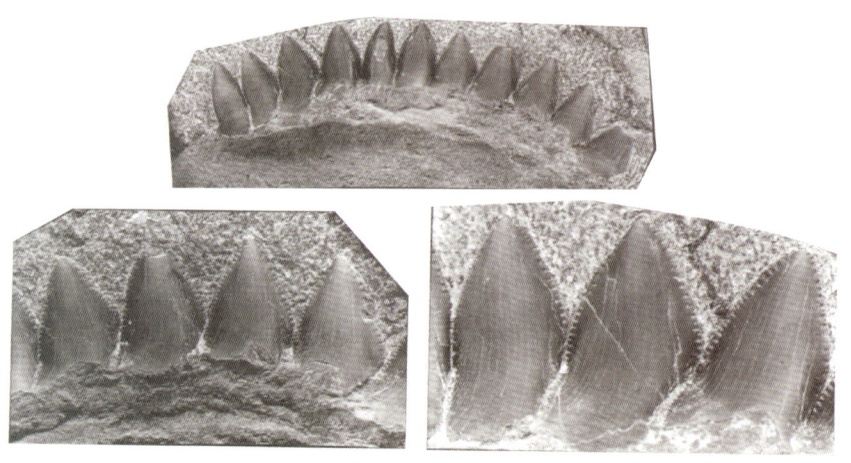

中华旋齿鲨牙齿化石标本(据刘冠邦,1994)

二叠纪晚期的长兴海域有着复杂的食物链结构,生活着形形色色的鱼类,除了中华旋齿鲨外,还有长得像带鱼的赵氏始龙鱼、身体呈钝梭形的粗纹长兴鱼、扁扁阔阔的煤山中华扁体鱼……腕足类、牙形刺、珊瑚、菊石等都在此生存,一切都是肆意自由的。

热闹的二叠纪长兴海洋示意图

煤山中华扁体鱼复原图（据魏丰，1977）

（生活于二叠纪晚期，身体扁阔呈菱形，适宜在水底生活，吃珊瑚虫）

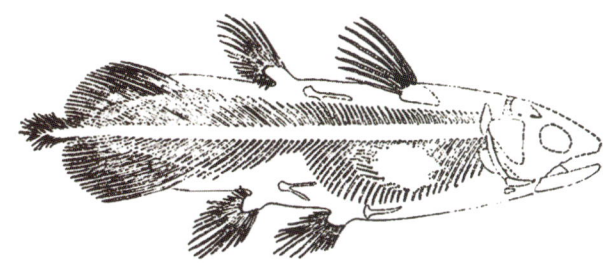

粗纹长兴鱼复原图（据王念忠，1981）

（生活于二叠纪晚期，属于肉鳍鱼类，身体呈钝梭形，表面有珐琅质粗脊纹）

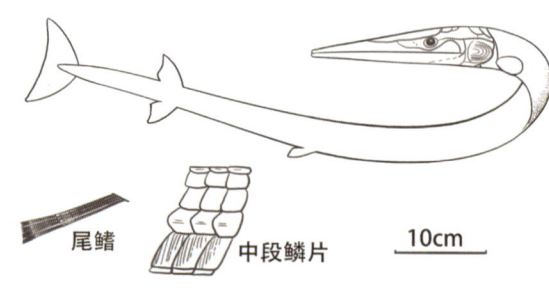

生活于二叠纪晚期。体型大，身长而侧扁，有一个长长的吻部，牙齿却不发育。鳃盖骨大，鳍小且少。

赵氏始龙鱼示意图（据刘宪亭，1988）

葬礼组曲——牙形动物见浩劫

然而，历史却总是惊人相似，大自然再次奏响了葬礼组曲。

在二叠纪末期，地质历史上规模最大的一次生物大灭绝降临，全球约75%的陆生脊椎动物和超过96%的海洋物种惨遭灭绝，至今我们只能在化石中看到那些"遇难者"的残骸。在这次事件中，三叶虫、蜓类、四射珊瑚、床板珊瑚等全部灭绝，菊石、腕足类历经重创，生物多样性在二叠纪-三叠纪之交降至最低点。地质历史上的"古生代"在这场大浩劫中宣告结束。

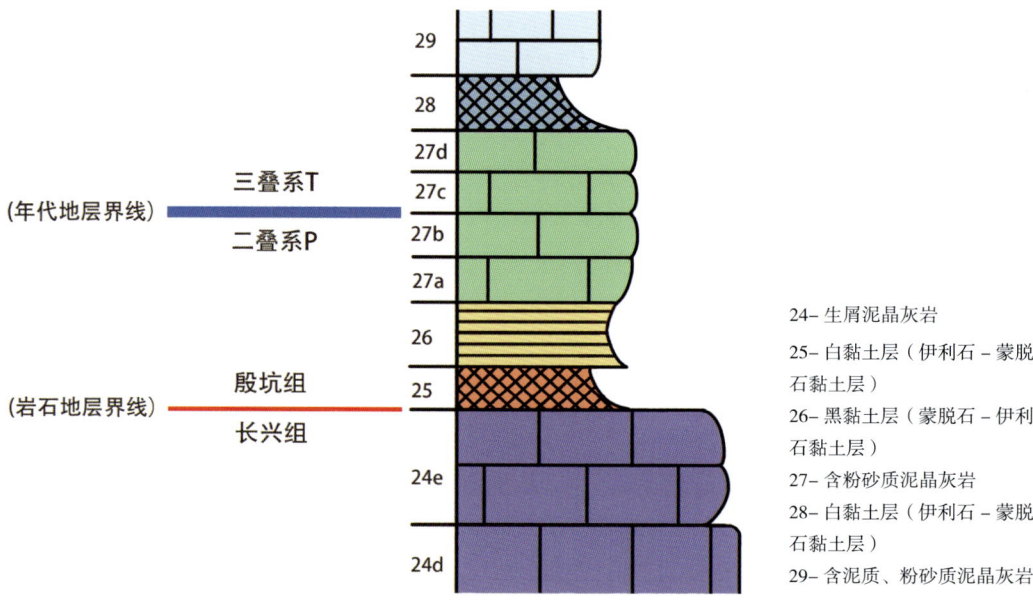

24- 生屑泥晶灰岩
25- 白黏土层（伊利石-蒙脱石黏土层）
26- 黑黏土层（蒙脱石-伊利石黏土层）
27- 含粉砂质泥晶灰岩
28- 白黏土层（伊利石-蒙脱石黏土层）
29- 含泥质、粉砂质泥晶灰岩

全球二叠系—三叠系年代地层与岩石地层柱状图

知识拓展

褶皱

强烈的碰撞和挤压，会使地层发生变形，形成褶皱。其中向上隆起的叫作"背斜"，地层中间老，两侧新；向下凹陷的叫作"向斜"，地层中间新，两侧老。在山区河谷或公路两侧的裸露岩壁上，都可以看到褶皱。

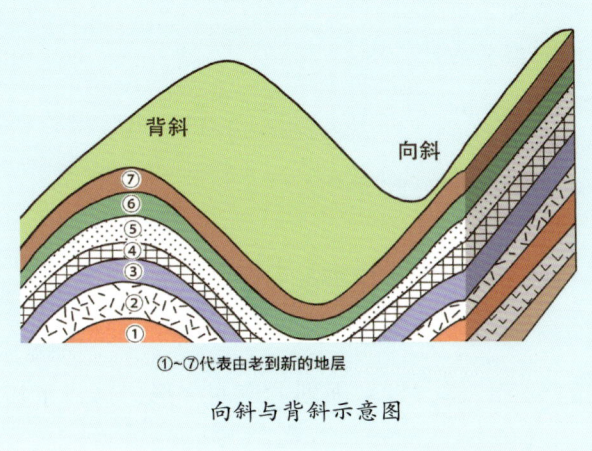

向斜与背斜示意图

扭曲变形——三层群山绕西湖

"西湖之胜，不在湖而在山"，西、南、北三面重重叠叠的山呈马蹄形环布在西湖周围，构成了以西湖为中心的群山景观，湖裹山中，山屏湖外。这些群山的形成演变，就是三叠纪时期浙北褶皱造山的缩影。

西湖西侧、南侧群山的历史，可以追溯到3亿多年前的晚泥盆世。从晚泥盆世到二叠纪，杭州西湖一带沉积形成了巨厚的岩层，它们像千层饼一样平整地堆叠在浅海湖盆之中。目前出露的最古老的岩层为泥盆纪西湖组的石英砂岩，多呈浅灰白色、白色，再往上一层则是石炭纪的灰岩，最上面的岩层是二叠纪形成的黑色页岩、硅质岩和灰岩。

然而在三叠纪，浙江受到来自北西与南东两个反向构造力的相互挤压，杭州原先平整堆叠的岩层在构造力的作用下发生褶皱弯曲，西湖群山从海面褶皱隆起，成为一座座峰峦。经年累月，浙江逐渐形成西南高、东北低的复向斜构造格局。

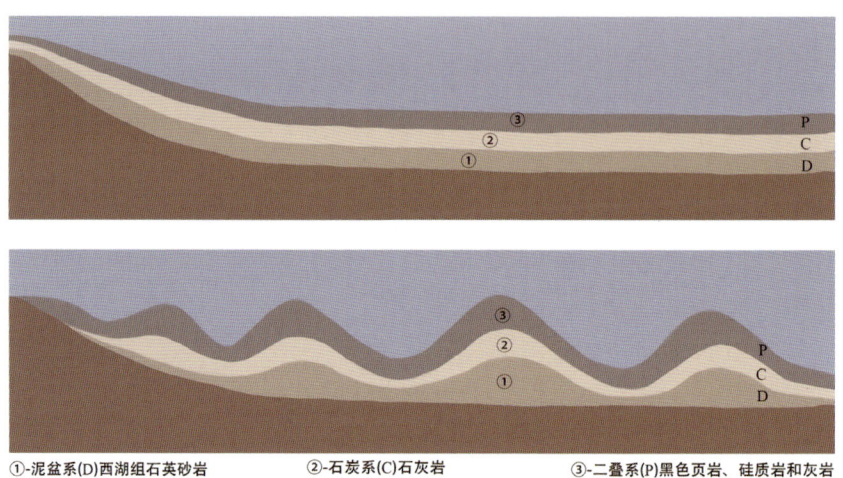

泥盆纪—三叠纪西湖群山褶皱形成示意图

知识拓展

复向斜

复向斜是由一系列背斜和向斜构成的一个大型向斜构造。西湖复向斜构造中有飞来峰向斜、南高峰向斜、青龙山背斜、玉皇山向斜、将台山向斜、凤凰山背斜等。

西湖复向斜构造示意图（据浙江省地质院基础地质调查所，2024）

如今航拍西湖四周的群山，可以看到从西南往东北，山势由高到低分为三个圈层，构成"山外有山"的优美轮廓线。外圈群山是西湖复向斜的扬起端，主要有北高峰、天竺山、五云山等。中圈群山主要有飞来峰、南高峰、玉皇山等。内圈群山是西湖复向斜的倾伏端，主要有吴山、丁家山和夕照山等。

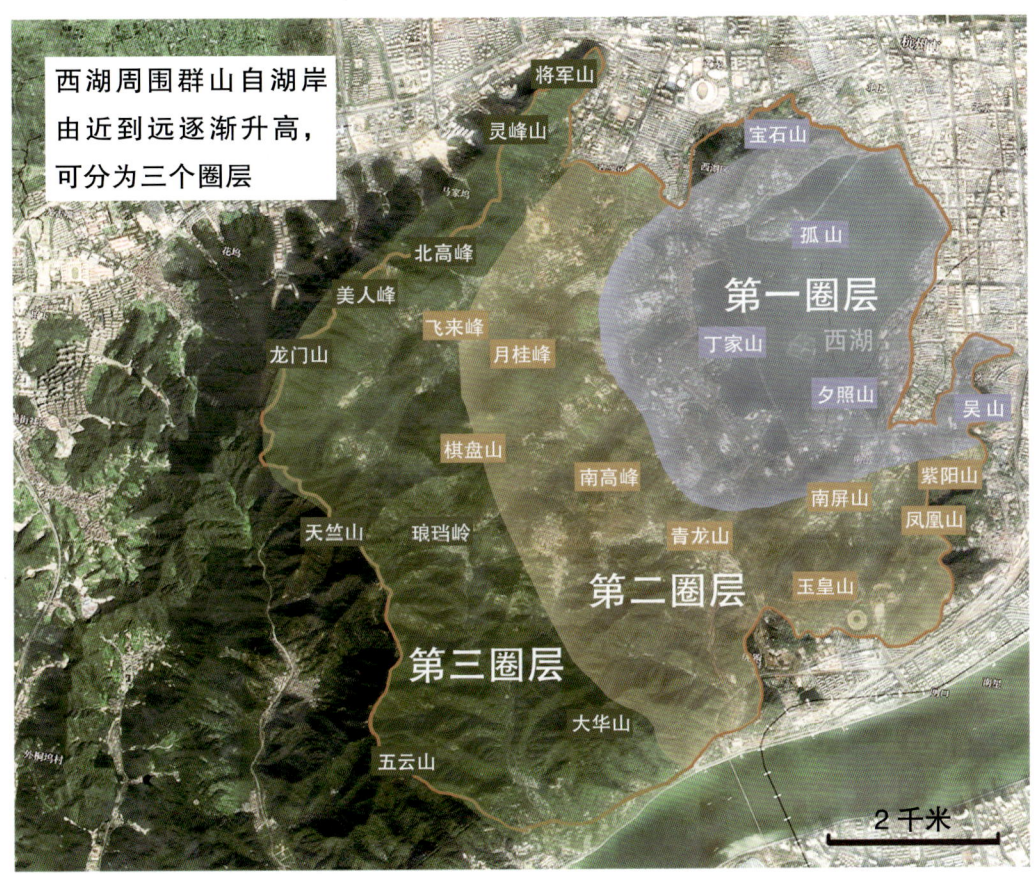

西湖群山的三个圈层示意图（据西湖博物馆）

3.2 侏罗纪（2.01亿～1.45亿年前）

如果说古生代的浙江大地经历了"水的洗礼"，那么中生代的浙江大地则是经历了"火的淬炼"。岩浆上涌、火山喷发、岩浆溢流，火山随处可见，岩浆四溅，火山灰铺天盖地，这就是侏罗纪—白垩纪时期的浙江。

俯冲撞击——火山爆发惊大地

印支运动之后,浙江陆域构造格局处于华南陆块东缘,濒临古太平洋板块,进入活动大陆边缘构造环境。地处板块运动最活跃的危险地带,浙江大地不可避免会与火山来一场"亲密接触"。

侏罗纪中期,也就是1.8亿年前,太平洋板块从南向北开始向华南大陆斜向俯冲,浙南地区更靠近大陆边缘活动带,因此最早开始出现零星的火山喷发。但此时火山喷发强度较弱,喷出的火山物质也较少,仅在松阳、龙泉、丽水等地河湖-沼泽环境的盆地中沉积了少量火山物质。

侏罗纪中晚期,太平洋板块斜向俯冲持续进行,浙江的火山活动进一步加强。浙西南地区地壳下的岩浆沿着断裂带上涌并喷发,每一次火山喷发,就如同一场灼热的红色岩浆"雪崩"。

侏罗纪时期,相较于浙南地区,浙西北地区的火山喷发规模相对较小,岩浆只在诸暨、淳安、开化、常山等地区上侵,形成了一系列没有喷出地表的侵入岩,多为花岗闪长岩。

知识拓展

侏罗纪的浙江有恐龙吗?

我们平时都是从《侏罗纪世界》《侏罗纪公园》等恐龙系列电影里看到形形色色的恐龙,但其实恐龙在三叠纪时期就已经出现了。恐龙和它的近亲翼龙一样,是由一种小型的爬行动物演变而来。这一时期著名的恐龙有埃雷拉龙、板龙、始盗龙等。到了侏罗纪,气候变得温暖湿润,陆地上开始出现茂密的森林,蕨类、苏铁等植物给恐龙提供了充足的食物,恐龙的体型也开始变大,体型巨大的蜥脚类恐龙出现,如梁龙、腕龙、剑龙,还有一些大型的肉食恐龙,如异特龙。到了白垩纪,恐龙逐渐演化成不同的样子,种类急剧增加,大小、形态各不相同,比较著名的有霸王龙、甲龙、副栉龙、三角龙、肿头龙等。

浙江目前所发现的恐龙骨骼化石和恐龙蛋化石大多数都是在白垩纪的地层中发现的。目前只在兰溪柏社乡的侏罗纪中期地层中发现了一段恐龙骨骼化石，经鉴定，属于大型鸟脚类恐龙的肩胛骨化石。这也表明，浙江在侏罗纪就有恐龙生活着了。

兰溪柏社乡发现的恐龙骨骼化石（据唐小明等，2009）

3.3 白垩纪（1.45亿～6600万年前）

漫天尘埃——山崩地裂涌岩浆

早白垩世早期，太平洋板块转为朝西向华南大陆的正向俯冲，强烈的俯冲诱发了浙江全域范围最大规模的火山喷发，使火山物质覆盖了整个浙江大地。尤其是浙南地区，火山活动更是达到高峰。

浙江白垩纪火山喷发复原示意图

大约在1.28亿年前，浙江东南滨海有一座火山猛烈喷发，岩浆冲破地壳，喷出万千火流，裹挟着炽热岩浆、岩石碎屑的火山物质冲上数十千米的高空，中心温度达到上千摄氏度。这些危险性极高的火山物质从高空又重重砸下来，造成方圆数百千米范围内生灵埋没、寸草不生。火山灰遮天蔽日，持续数月之久。正是这次火山喷发，让浙江多了一座名山——雁荡山。在接下来的2000万年间，雁荡山共经历了四次火山喷发和一次岩浆侵入作用，火山地层完整地记录了火山爆发、塌陷、复活隆起的地质演化过程。

早白垩世晚期，浙北的火山活动也十分活跃。杭州一带的火山活动主要集中在临安、建德和桐庐等地，比如清凉峰、天目山都是火山喷发后堆积形成的。

知识拓展

西湖边的火山——宝石山

三叠纪的印支运动，形成了西湖西侧、南侧的褶皱群山，而白垩纪的火山喷发，则造就了西湖北面的山体，也就是宝石山。

在距今1.4亿年前后，受太平洋板块俯冲影响，宝石山所在的地壳下面，岩浆变得不安分，开始躁动起来。积蓄能量后，岩浆沿裂隙冲开地表的岩层，形成漏斗状的火山口。岩浆冷却后，塑造了宝石山最初的模样。山体岩石主要由火山熔岩、角砾岩、凝灰岩等构成。

如今的宝石山也成为了杭州市中心唯一可见的死火山，海拔百米左右，呈低丘地形。"山如其名"，宝石山中沿构造节理裂隙填充大量赤红色的玉髓，在日光映照下，如缤纷流霞，熠熠闪光，似镶嵌着一颗颗红色宝石，因此得名宝石山。

宝石山中的赤红色玉髓（刘远栋 摄）

晚白垩世，太平洋板块的俯冲作用减弱，火山活动也趋于减弱，直至停止。

总体而言，白垩纪的8000多万年间，浙江大部分时间都处在火山活动的控制之下，漫天火石，遮天蔽日。浙江大地上堆积了巨厚的火山碎屑物和熔岩，覆盖面积可达整个浙江面积的三分之二。伴随太平洋板块俯冲作用的加强与减弱，浙江的火山活动时间上表现为侏罗纪"弱"→早白垩世"强"→晚白垩世"弱"的变化，空间上呈现出从南向北、从西向东逐渐迁移的特征。

叠彩纷呈——火成岩石形各异

白垩纪的浙江，不知道发生过多少次火山活动，许多古老的火山如今已经面目全非，但是它们造就的岩石在地层中保存了下来。火山岩的前身便是地下深处暗流涌动的岩浆。在不同喷发过程中，受到各种内外因素的影响，会形成不同样貌、不同形态的火山岩。这些火山岩有的是熔岩凝结而成的，如玄武岩、流纹岩。有的是火山喷出的碎屑物质经过堆积、压紧、胶结而成，如火山凝灰岩、火山角砾岩。还有一些是岩浆侵入到地壳中形成的，如常见的花岗岩。根据岩石的特征，可以判断岩浆活动的时间和地点。

[花岗岩]

地下的炽热岩浆在高温高压的驱使下，拼命向地表上涌，试图沿着地表裂缝冲出地面，飞向高空。然而并不是所有的岩浆都有机会顺利喷出，有些岩浆在上涌的过程中，没"动力"了，中途"掩旗熄鼓"，就近"侵入"地壳岩层，因此形成的岩石也被称为侵入岩。花岗岩就是典型的侵入岩，一般生成于几千米的地下深处，为深层侵入岩。由于地壳深部温度高，岩浆冷却相对较慢，给矿物晶体生长提供了充足的时间，所以组成花岗岩的矿物晶体通常比较大，花岗岩整体的质地也坚硬致密。

白垩纪时期，浙江大地内有很多花岗岩。浙西的大明山就是当时孕育在地底下的花岗岩山体，如今裸露于地表的花岗岩乃是地壳抬升、风化剥蚀的结果。换言之，花岗岩所在之处，至少已经被剥蚀了数千米。

二长花岗岩的成分主要有斜长石、钾长石、石英、云母等，这些粒度较大的晶体结合在一起，颜色有深有浅，非常符合花岗岩名字中的"花"字。

二长花岗岩（蔡晓亮 摄）
（形成于白垩纪，产于浙江安吉）

[玄武岩]

玄武岩是一种喷出岩。地下的岩浆中裹挟着大量的气体和水分，一到达地面，气压骤降，这些气体即刻散逸出去，这使得凝固的玄武岩中含有一个个气孔，得名"气孔状玄武岩"。气孔越多，石头越轻，甚至可以入水而不沉，被称作"浮石"。有些玄武岩中的气孔被方解石等矿物填充，形成一个个杏仁状的白色小斑点，因而得名"杏仁状玄武岩"。玄武岩的矿物成分主要为基性长石和辉石，二氧化硅含量介于45%～52%之间，一般呈黑色。

气孔状玄武岩（蔡晓亮　摄）

杏仁状玄武岩（蔡晓亮　摄）

玄武岩还会形成特殊的构造，比如柱状节理。当炙热的岩浆从火山口流出并在低洼处聚集，因向顶底面散热自外向内冷却凝固。冷凝作用使刚固结的岩石沿垂直散热面（等温面）产生张性裂隙，从而形成横切面呈四边形、五边形或六边形的柱状节理。

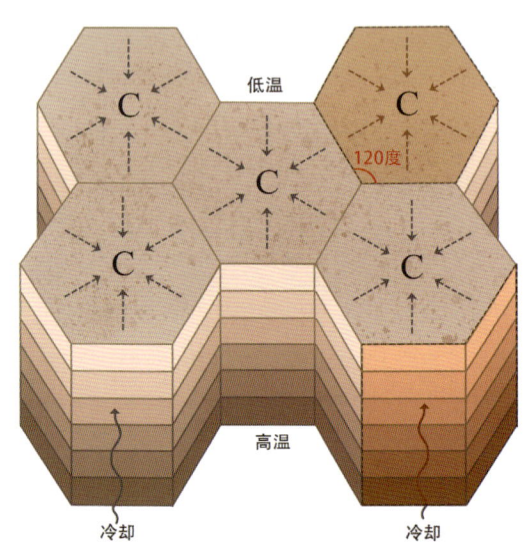

柱状节理成因示意图

不仅玄武岩，大规模的酸性熔岩也会形成柱状节理。临海大坜头的碎斑熔岩就形成了这种六边形的"火山柱"，那里的石柱数量多达1500多万根。千万年过去了，这些火山岩柱状节理历经风吹雨淋，依旧伫立在山间，蔚为壮观。

[球泡流纹岩]

酸性岩浆喷出地表后流动，形成的岩石表面通常聚集着很多"球泡"，即球泡流纹岩。这是火山喷出的岩浆在结晶过程中，气体缓慢逸出、冷凝收缩而成的。在球泡流纹岩的内部空腔，还会有结晶形成的水晶、玛瑙等矿物，这些矿物一般呈灰色、浅红色。

浙江大名鼎鼎的雁荡山，就是由火山喷发形成的流纹岩与火山碎屑岩构成的。

3 中生代

球泡流纹岩（蔡晓亮　摄）
（形成于白垩纪，产于浙江缙云）

知识拓展

火山灰

猛烈的火山喷发会形成很高的喷发柱，同时喷出大量的气体和碎屑物质。直径小于2毫米的岩石和矿物碎屑被称为"火山灰"。细小的火山灰可以喷发到高空中，并随着空气飘到距离火山口很远的位置，火山碎屑物质越轻、颗粒越细，则飘得越远。比火山灰大的碎屑叫作"角砾"，直径为2～64毫米。更大的碎屑叫作"集块"，直径大于64毫米。

火山灰、火山尘等胶合凝结形成的岩石称为"凝灰岩"。当凝灰岩中含有一定成分的角砾，就形成了角砾凝灰岩。角砾越小，形成角砾凝灰岩的位置离火山口越远。当火山灰飘落到河海湖泊中，便沉积形成了沉凝灰岩；飘落到山坡上，经过雨水凝结向山坡下方滚动，便生成火山泥球。凝灰岩疏松多孔，有粗糙感，颜色有黑色、紫色、红色等。

集块角砾凝灰岩(周科南 摄)
(形成于白垩纪早期,产于浙江仙居)

流纹质晶屑熔结凝灰岩(蔡晓亮 摄)
(形成于白垩纪早期,产于浙江嵊州)

含火山泥球沉凝灰岩(蔡晓亮 摄)
(形成于白垩纪早期,产于浙江泰顺)

红盆千里——"浙"里诸多聚宝盆

白垩纪时期的浙江，不仅有火山，还有很多盆地。

当时的浙江在断裂构造、火山构造的控制下形成众多的断陷盆地与火山构造盆地。断陷盆地指断块构造中的沉降地块，又称地堑盆地，外形受断层控制，多呈狭长条状，如金衢盆地、永康盆地、丽水盆地、武义盆地、松阳盆地等。火山构造盆地指继承早期火山构造形成的沉积盆地，如文成盆地、新昌盆地、矾山盆地、寿昌盆地等。

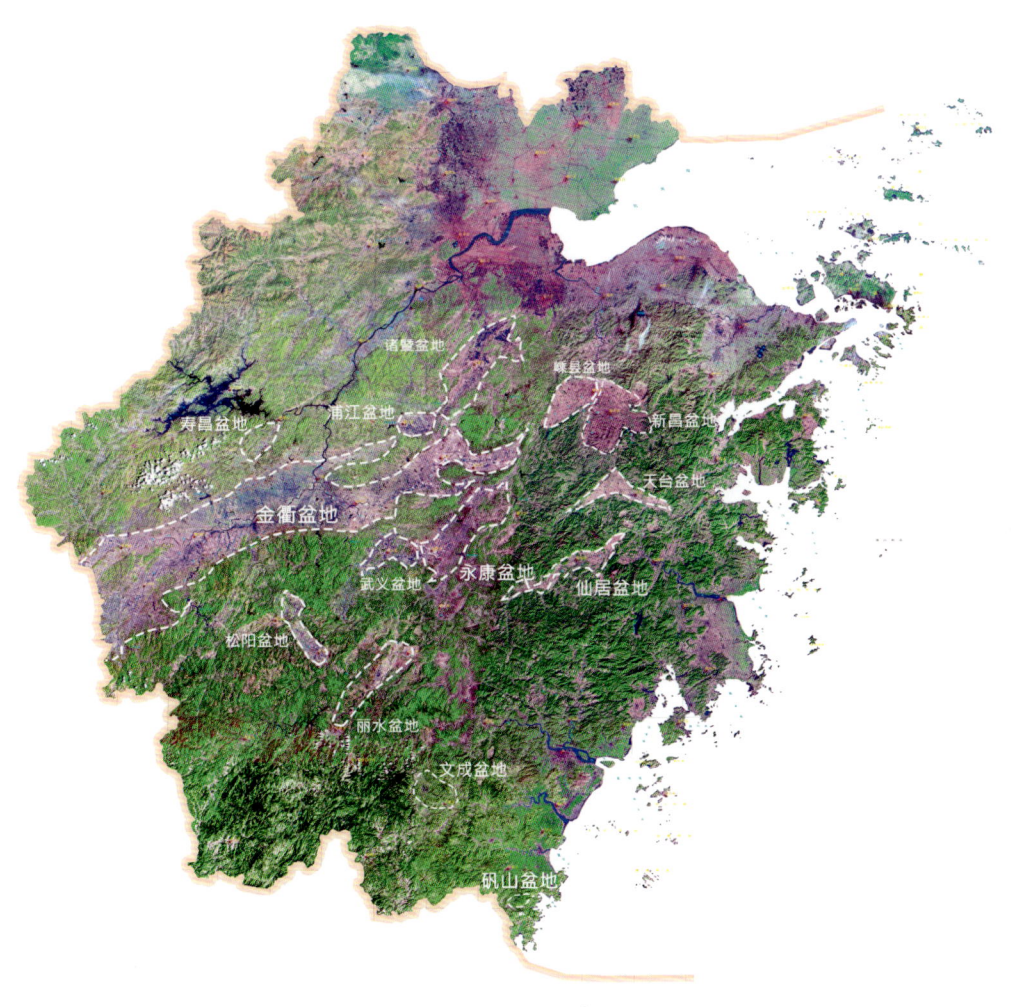

浙江中生代盆地分布略图
（底部遥感影像图引自浙江大学空间信息技术研究所，2008）

[新昌盆地]

新昌盆地是一个典型的火山构造盆地。

早白垩世晚期，新昌盆地就形成了。当时浙江进入火山活动旺盛期，新昌盆地内形成了由玄武岩和流纹质凝灰岩构成的双峰式火山岩。此时的气候变得温暖湿润，新昌盆地河谷的滩地上形成了大量湿地和森林，由于火山经常间歇性爆发，加之洪水侵袭，这些树木被火山灰或者泥沙掩埋于地下。树木处于封闭的环境中，与空气隔绝，木质不易腐烂，在漫长的地质作用过程中，木质中的有机质被二氧化硅取代，保留了木质的纤维结构和树干的外形，所以取名"硅化木"。这些硅化木中由于加入了围岩中的微量元素，有着斑斓溢彩的色泽。

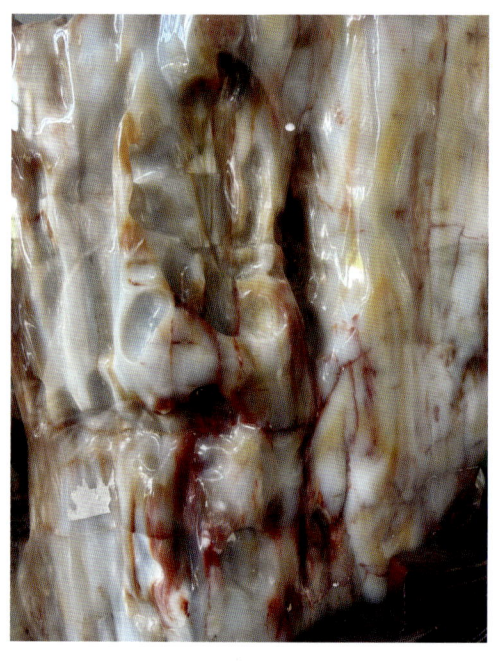

色泽斑斓的硅化木（周科南 摄）

在新昌盆地形成过程中，上空时降暴雨，河流泛滥，形成了洪泛平原与河流沉积。但是当时整体的气候是炎热干燥的，这使得河流堆积物因氧化作用而呈红色，新昌盆地内形成红层堆积。在河谷、盆地中间，还生活着各种恐龙。随后又经历了两次大规模的火山爆发，覆盖了厚厚的火山碎屑物。

> **知识拓展**
>
> 煤和硅化木是如何形成的？
>
> 　　煤和硅化木，它们最原始的状态都是森林中的树木，同样是树木，为什么有些成了色泽漆黑的煤，有些成为漂亮精致的硅化木？
>
> 　　煤的主要成分是碳。成群的植物腐烂后处于高温高压的环境，在还原过程中其他外来物质加入少，因此碳也就没机会被其他无机矿物代替，只能形成煤。但硅化木的形成条件是树木埋藏后，所处的地质环境为高压、缺氧，由于埋藏的树木相对较少，围岩或水中的二氧化硅就会逐渐渗入树木，一点点置换原来的有机质成分，直到把树木变成化石。

[金衢盆地]

金衢盆地是一个典型的断陷盆地。

长条状的金衢盆地示意图

　　金衢盆地是浙江省最大的白垩纪陆相盆地，位于浙江中部，东起东阳，中经金华，西至衢州，东西长约150千米，南北宽15～40千米，面积约3500平方千米，盆地中红层最厚达5千米。盆地介于北侧千里岗山脉与南侧仙霞岭山脉之间。江山－绍兴断裂带从盆地中斜贯穿过，并控制影响盆地的形成与发展。

在盆地形成之初，盆地四周的砂石、泥土被河流裹挟而下，在盆地边缘低洼处快速堆积，形成粒度大小不一的沉积岩，如砾岩、砂岩、泥岩等；晚期，湖泊面积进一步扩大，形成了厚度巨大的湖相沉积。这些红色岩石构成了金华九峰山、衢州烂柯山等丹霞地貌的物质基础。后期，构造抬升，湖水退去，红色岩石出露地表，在地质作用的影响下形成了秀美神奇的丹霞地貌景观。

金衢盆地里面到处藏着"宝"，盆地周边是浙江萤石的主要产地；盆地中红色岩层风化形成的紫色土富含钙、磷、钾，后来成为了浙江的"粮仓"。

知识拓展

红层

红层指在侏罗纪、白垩纪及古近纪早期形成的一套陆相及浅水湖相沉积物，主要由红色的砾岩、泥岩、粉砂岩、砂岩等组成。

干燥炎热的古气候环境条件下，氧化作用强烈，岩石中氧化的三价铁离子将沉积岩层"染成"一片赤色，久而久之形成岩层的红色外观，即我们见到的红层。

龙行浙江——恐龙盛世史无前

浙江发现的恐龙，大多生活于白垩纪。

火山喷发的间歇时期，浙江的气候温暖湿润，盆地中土肥水丰，植被旺盛，恐龙作为当时地球的霸主，缺少天敌，优哉游哉地生活在湖盆岸边。高大笨拙的中国东阳龙慢悠悠地走着，吃着树上的叶子；天台越龙凭借小巧灵敏的身躯，在树林间奔逐跳跃；临海浙江翼龙张开巨大的翅膀盘旋在水面上，等着吃水中的鱼儿……

白垩纪浙江恐龙生活场景复原示意图

  盆地中形成的岩石大多沉积相对比较完整而连续，生活在盆地中的恐龙死亡后比较容易被保存并形成化石。截至目前，浙江已经发现21个县（市、区）产出恐龙化石，化石点广布，恐龙蛋种类多达20多种，恐龙骨骼和恐龙足迹包含了蜥脚类、鸟脚类、兽脚类等多类别恐龙。因化石产地多、品种丰富、罕见品种多，浙江东阳被授予"恐龙之乡"的称号。

知识拓展

浙江的恐龙化石产地

  ①诸暨市；②新昌县；③嵊州；④天台县；⑤临海市；⑥仙居县；⑦义乌市；⑧东阳市；⑨永康市；⑩磐安县；⑪金东区；⑫婺城区；⑬龙游县；⑭兰溪市；⑮衢江区；⑯柯城区；⑰江山市；⑱建德市；⑲缙云县；⑳遂昌县；㉑莲都区。

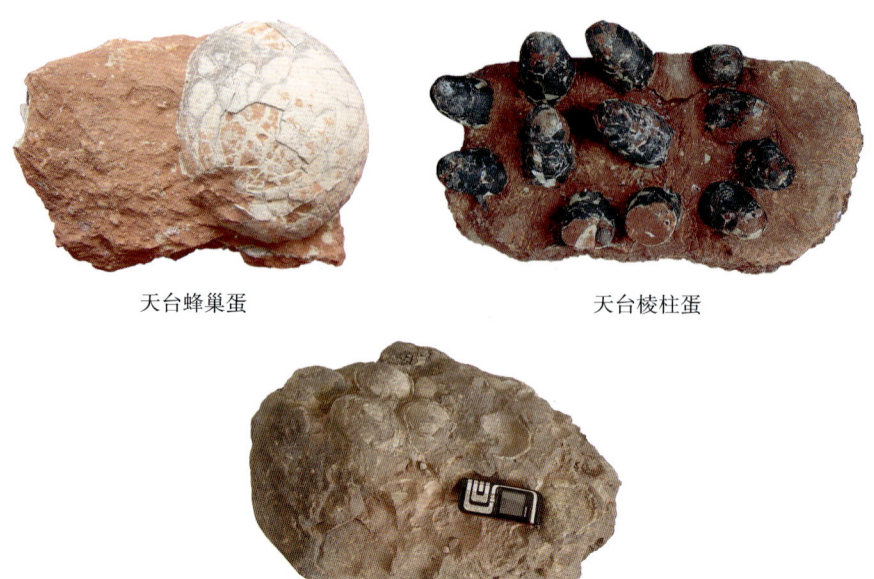

天台蜂巢蛋　　　　　　天台棱柱蛋

南马东阳蛋
浙江不同地区的恐龙蛋化石（金幸生 摄）

◎ 浙江吉兰泰龙

浙江吉兰泰龙生存于1亿多年前的白垩纪早期，是一种大型的兽脚类肉食恐龙，体长可达8米左右，有着锋利的锯齿和前爪，方便切割肉类，尾巴很长，后肢强健，有助于奔跑。

浙江吉兰泰龙名字中的"吉兰泰"是什么意思呢？

"吉兰泰"一词出自内蒙古自治区阿拉善左旗的吉兰泰盐池，在这里发现的恐龙被定为"吉兰泰龙"，为恐龙的一个新属，其余地方发现相同特征的恐龙就都被划分为这个属。科学家又根据细小的差别把吉兰泰龙属的恐龙分为不同的种，如毛儿图吉兰泰龙、大水沟吉兰泰龙。在浙江发现的恐龙因为特征和吉兰泰龙属的恐龙一致，但和同属中的其他几种恐龙有一定的差别，所以把它定为吉兰泰龙属中的一个新种，因产自浙江，就以"浙江"为种名，命名为"浙江吉兰泰龙"。

出土于浙江金衢盆地的吉兰泰龙化石只保留了一块破碎的右胫骨和一块保存较为完好的后足。作为浙江为数不多的肉食性恐龙，浙江吉兰泰龙的发现扩大了我国肉食类恐龙的分布范围，对研究肉食类恐龙的演化有着重要的意义。

浙江吉兰泰龙指骨化石　　　　　浙江吉兰泰龙后爪化石
（据金幸生等，2012）　　　　　（据金幸生等，2012）

◎ 浙江镰刀龙类恐龙

天台镰刀龙类恐龙生活在约 0.96 亿年前的白垩纪晚期，是一种大型的镰刀龙类恐龙，喜欢在天台盆地的滨湖丛林中生活。

和大部分镰刀龙类恐龙一样，浙江天台的这只恐龙个头很大，身长可达 5.5 米，身高超 3 米。高高的个子使其可以像长颈鹿那样吃到高大树木上的叶子。它的前肢像镰刀，这些"镰刀爪"用处很大，一方面可以作为自卫武器，击退一些肉食性恐龙，另一方面可以用来钩取树上的枝叶。

天台镰刀龙类恐龙化石骨架（据天台县博物馆）

天台镰刀龙吃肉？吃素？杂食？目前说法还没统一。从骨架上看，它们是肉食性恐龙的亲戚，但是它们的牙齿和消化系统看起来却更适合吃素。

[铠甲战士——浙江的甲龙军团]

甲龙分为两大类：结节龙类和甲龙类，结节龙类尾巴上没有尾锤，而甲龙类有尾锤。浙江发现的恐龙化石中，甲龙恐龙化石有好几种，如丽水浙江龙、缙云甲龙、杨岩东阳盾龙。缙云甲龙有尾锤，而另外两种没有尾锤，而且缙云甲龙发现有5个个体以上，所以浙江甲龙是真正的"军团"了。甲龙是一个非常庞大的家族，从侏罗纪到白垩纪都有它们的踪影，世界各地都发现过甲龙化石。甲龙虽然看着霸气威武，全身装备着坚硬的皮革状皮肤、骨板、尖刺，但它们其实是素食主义者，喜欢进食一些比较坚韧的植物。甲龙的后腿粗短，天生不擅长奔跑，所以为了抵御捕食者的攻击，甲龙喜欢成群结队，远远看去，就像一支支装甲军团，难怪甲龙号称"白垩纪小坦克"。

◎缙云甲龙

缙云甲龙生活于约0.96亿年前的白垩纪晚期，体长5米，体重可达2吨，全身披着坚硬的铠甲。每当有"敌人"来犯时，它们便会用力甩动尾锤，给"敌人"沉重一击，尾锤力量之大，足以击碎"敌人"的骨头。出土于浙江缙云的甲龙，尾锤最宽处约有45厘米，可见力量非同一般。

缙云甲龙复原图（张宗达 绘）

◎丽水浙江龙

丽水浙江龙生活于约0.96亿年前的白垩纪晚期,是一种大型的结节龙类恐龙,估计体长超6米,身高超1米。它和缙云甲龙虽然都属于甲龙,但是它俩的尾巴却是不一样的,丽水浙江龙的尾巴没有尾锤。但即使没有尾锤,丽水浙江龙的实力也不容小觑,它们身上长有巨大的骨刺,尾巴也有棘刺,横扫尾巴可以给"敌人"造成重伤。

丽水浙江龙化石(据金幸生等,2012)

丽水浙江龙复原示意图(据钱迈平,2011)

◎杨岩东阳盾龙

杨岩东阳盾龙生活于约1.15亿年前的白垩纪早期。杨岩东阳盾龙的属名来自化石的发现地——浙江东阳市。愈合的荐盾板像一块盾牌,因此取名盾龙。种名则来自化石产地杨岩村。

杨岩东阳盾龙最大的特点在于保存了愈合的荐盾板,在它被发现之前,具有愈合荐盾板的甲龙只发现于欧洲和北美洲,东阳盾龙的出现,给此类甲龙的古地理分布和演化提供了新的证据。

杨岩东阳盾龙脊板化石（左）及骨架模型（右）（据东阳市博物馆）

[大恐龙与小恐龙]

◎礼贤江山龙

礼贤江山龙生活于约0.98亿年前的白垩纪晚期。礼贤江山龙是中国首次发现的泰坦巨龙类恐龙，已发掘出的化石中，股骨长约140厘米，肋骨最长达178厘米，脊椎直径约20厘米。根据与马门溪龙科恐龙的体型对比，古生物学家推测礼贤江山龙身长可达22米，肩高约4.5米，不愧是迄今浙江地区发现的最大的恐龙，没有之一。

礼贤江山龙化石骨架（据衢州市博物馆）

◎ 中国东阳龙

中国东阳龙生活于约 0.95 亿年前的白垩纪晚期。骨骼化石被发现时，没有头、四肢和尾巴，只有十个背椎、六个荐椎、两个前部尾椎和完整腰带部分，它们都自然地连接着。关键部位这么完整的大型恐龙化石，在全国都是非常少见的。

中国东阳龙是一种大型的植食性蜥脚类恐龙，四肢行走。体长约 16 米，肩高约 5 米，体重约 35 吨，应该是除了礼贤江山龙外，浙江白垩纪时期体型第二大的恐龙了。根据中国东阳龙的身高推断，它们以吃树叶为主。

中国东阳龙是恐龙的一个新属新种，它的正式命名意味着如果世界上其他地方发现同类恐龙化石，都将归入到这个属类，也必须称为"东阳龙"。

中国东阳龙（中）生活环境生态复原示意图（据吕君昌等，2008）

◎ 天台越龙

天台越龙的化石在浙江天台被发现，因为出土地古属越国，便将这种恐龙命名为"天台越龙"。它们生活于约 0.96 亿年前的白垩纪晚期。

天台越龙属于鸟脚类恐龙中的基干鸟脚类，是目前浙江发现的体型最小的恐龙，长约 1.5 米，但是身高不足 1 米，个子还没有幼儿园的小朋友高。天台越龙属于植食性恐龙，它们以两足行走为主，后肢较长，在觅食或休息时可能前脚也能着地。天台越龙跑起来非常快，这样有利于它们逃避肉食性恐龙的追杀。

目前亚洲大陆上只发现过4种基干鸟脚类恐龙，分别位于中国的辽宁、吉林两省，韩国和蒙古国。天台越龙不仅是中国东南沿海地区首次发现的鸟脚类恐龙，而且还是亚洲所发现的鸟脚类恐龙中所处纬度最低的恐龙。

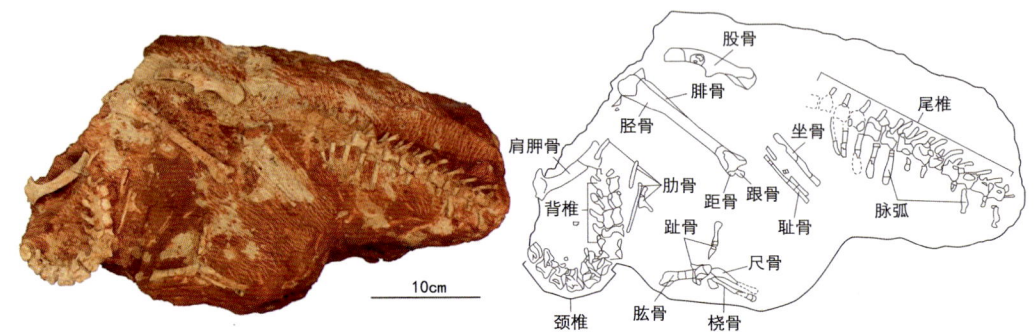

天台越龙化石标本（左）及骨骼化石素描图（右）（据郑文杰等，2012）

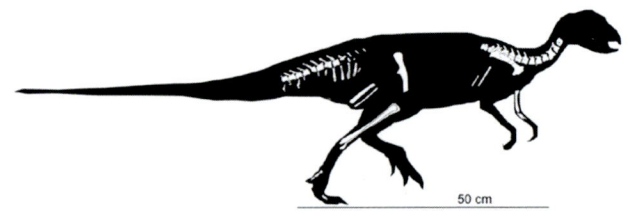

天台越龙化石保存部位示意图（据郑文杰等，2012）

◎长尾雁荡鸟

长尾雁荡鸟的化石被发现于浙江临海市。它有一条长长的尾巴，长达30.5厘米，有20枚尾椎骨。该地发现的长尾雁荡鸟化石是迄今为止除德国发现的始祖鸟化石外，中生代发现的唯一具有如此长尾的完整恐龙化石。

长尾雁荡鸟的脚爪不甚钩曲，显示它们已经不像别的鸟类那样可以攀援树木，加之它有一条沉重的长尾，难以飞翔上空，只能在灌木丛中或河湖边缘的陆地上生活，是一种适应地栖生活的恐龙。

长尾雁荡鸟复原图（据浙江自然博物院）

◎临海浙江翼龙

恐龙统治着白垩纪时期的浙江大地，恐龙的近亲——翼龙则是统治着当时的天空。

9000万～8000万年前的白垩纪晚期，临海浙江翼龙在浙江的上空盘旋。它们两翼展翅可达5米以上，皮膜状翅膀由手臂骨骼以及延长的第四根手指支撑。

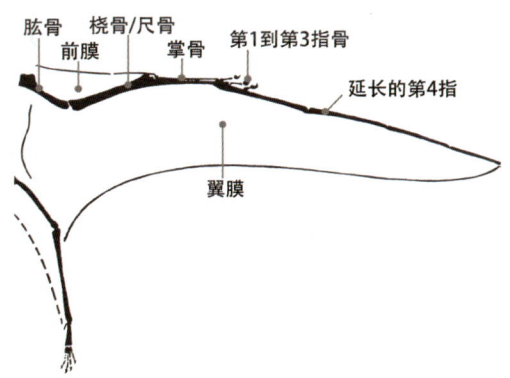

翼龙的翅膀结构示意图

为了适应飞翔的需要，翼龙具有许多类似鸟类的骨骼特征，但是它们并不能像鸟类那样自由、长距离地翱翔于蓝天，只能在它的生活环境附近，如海边或湖泊沼泽附近滑翔，靠着细长尖锐的喙，盘旋在水面上掠食鱼类。

临海浙江翼龙头骨化石（左）及复原示意图（右）（据钱迈平，2000）

临海浙江翼龙盘旋在水面之上复原示意图

三足鼎盛——动物群体居无虞

中生代浙江陆地面积空前扩大，气候变化更为复杂。裸子植物与蕨类植物适应了大陆环境后逐渐繁盛。到了白垩纪晚期，被子植物出现并迅速繁盛，软体动物、昆虫、鱼类也进一步发展演化。火山喷发间歇期，在浙江的山间湖盆中到处都是这样的场景：微风轻拂，松树、杉树、柏类等乔木高大茂密，恐龙漫步在湖边，吃着茂密的蕨类植物。清澈的河湖中，鱼类、双壳类、介形类、叶肢介类等繁殖能力强大的小型生物也十分繁盛。得益于白垩纪生物的繁盛和化石良好的保存状态，浙江大地上相继发现并命名了"建德生物群""永康生物群"和"衢江生物群"。

建德生物群：生活在白垩纪早期，主要有鱼类、双壳类、腹足类、昆虫、介形类、苏铁类、松柏类等。化石分布于建德、淳安、临安等地的砂泥岩中，其中最出名的就是寿昌中鲚鱼了。

永康生物群：生活在白垩纪早期，主要有鱼类、恐龙、双壳类、腹足类、叶肢介、介形类、昆虫、蕨类、松柏类等。化石分布于永康、武义等地的砂泥岩中，以伍氏副狼鳍鱼最负盛名。

衢江生物群：生活在白垩纪晚期，主要有恐龙、翼龙、介形类、双壳类、松柏类、苏铁类等。化石分布于衢州、金华等地的砂泥岩中。这一生物群中，恐龙比较多，如浙江吉兰泰龙等。

介形类是一种个体微小的甲壳纲节肢动物，一般仅几毫米长，外形就像一种被贝壳包裹住的虾，俗称"种子虾"。它们多数栖息在湖底，是鱼类的"伙食"之一。介形类虽然很迷你，但是生命力非常顽强，它们从奥陶纪就开始出现了，直到现在，在各种水体环境中均有生存。

寿昌中鲚鱼在中生代的淡水环境中也生活得很恣意。它们个子不大，一般长度10余厘米，身体呈梭形，和现在的小鱼儿长得差不多。在建德、诸暨等地发现了很多寿昌中鲚鱼的化石。

寿昌中鲚鱼化石（施展乐　摄）

伍氏副狼鳍鱼的个头也很小，长度只有10厘米左右，身体呈纺锤形或长纺锤形。生活在淡水之中，牙齿很细小，以一些浮游生物为食。狼鳍鱼喜欢群游，所以在浙江永康、黄岩等地发现的狼鳍鱼化石都是密集埋藏的。伍氏副狼鳍鱼目前都已经灭绝了。

伍氏副狼鳍鱼复原图

4 新生代

仔细观察现在浙江的地形地貌图，会发现浙江地势西南高、东北低，不仅有山地、平原、盆地、河湖，还有星罗棋布的海岛和漫长的海岸线。这种地貌格局是在新生代形成的。

新生代是地球历史上最"年轻的"的地质时代，被分为三个纪：古近纪（6600万～2300万年前）、新近纪（2300万～258万年前）和第四纪（258万年前至今）。

古近纪，浙江大地广泛暴露，缺少像样的沉积记录，仅能通过钻探在一些局部零星的沉积坳陷中"阅读"这一时间段内残缺的浙江大地故事。

4.1　新近纪（2300万～258万年前）

火山再现——温和宁静默默流

浙江中生代的火山多为"强烈豪迈"的中心式喷发，新生代则与之相反，火山呈"温和宁静"的裂隙式喷发。

在新近纪，地壳隆升，继而出现拉张。在地幔隆起区，火山死灰复燃，炽热的岩浆沿深大断裂带上升喷溢，在嵊州、新昌、宁海等地形成诸多锥状、盾状火山，圆形的火山口呈串珠状分布。喷溢出来的岩浆多形成玄武岩，它是岩浆在地表冷却后凝固而成的一种具致密状或气孔状结构的岩石，多呈黑色、暗绿色。

有些时候，岩浆喷溢后，大面积的岩浆在冷却过程中收缩，会形成诸多五边形或六边形的玄武岩柱。在嵊州下王镇，就有新近纪末期—第四纪初期火山活动留下的玄武岩柱状节理景观，因其整体面貌形似织布机，被当地村民称为"布机岩"。山崖上裸露的方形石柱，层层叠叠，形似一排排木头整齐排列，非常壮观。

新生代浙江岩浆溢流场景复原示意图

嵊州玄武岩柱状节理景观（周科南 摄）

中心式喷发

岩浆沿火山通道喷出地面，多伴有强烈的爆炸现象。

裂隙式喷发

岩浆沿地壳中的断裂带或裂隙溢出地表，相对温和宁静。

浙江的这些火山，还会再喷发吗？

火山分为活火山、休眠火山（有爆发概率）、死火山。目前，浙江境内在白垩纪、新近纪曾喷发过的火山，都已经变成死火山了，并没有再次喷发的危险。火山喷发主要是由板块运动引发的，现今浙江所处的大地构造位置已经远离太平洋板块边缘，板块稳定了，新的火山也就不再出现了，应该不会再有火山喷发了。

4.2　第四纪（258万年前至今）

鬼斧神工——多彩地貌塑浙江

如果说古生代、中生代塑造了浙江大地的"毛坯"，那么第四纪的地壳差异性升降运动，伴随断裂切割、流水侵蚀、风化剥蚀等地质作用，给浙江来了一场"精装修"，重塑了地表形态，造就出浙江壮美容颜：整体地势西南高、东北低，呈阶梯状倾斜。浙江西北部有喀斯特地貌、火山岩地貌与花岗岩地貌；浙江中南部多丹霞地貌、火山岩地貌与花岗岩地貌；浙东沿海一带多花岗岩地貌与海岸地貌。

◎ **阶梯状地貌**

地壳并不是静止不动的，虽然浙江新生代的地壳活动并没有像古生代、中生代那么猛烈，但还是经历了高高低低的升降运动，这导致浙江西南部抬升，成为浙江海拔最高的地方，并向东北方向逐渐倾斜变低，到了杭州湾两岸则表现为下沉。

浙江西南部，多为平均海拔约800米的山区，1500米以上的山峰也大都集中于此。在浙中，金衢盆地作为最大的构造盆地，在当时表现为边缘山地上升，盆地内低丘平原相对下沉，这种情况实际上也代表了浙江很多构造盆地内部相对沉降的特点。大大小小的盆地错落分布在山地丘陵之间，宛若一个个聚宝盆。水因山而生，西南高、东北低的阶梯状地势，也使得浙江境内的江河大都从西部出发，一路奔腾流向东海。

东海之滨，千岛林立。近岸浅海区的岛屿在千万年前仍旧是浙江大陆的一部分，多系浙东雁荡山、天台山山脉的延伸。地壳的运动、海平面上升，致使海水将其淹没，出露成岛，海浪裹挟着阵阵海风，"雕塑"出独特的海洋地貌。

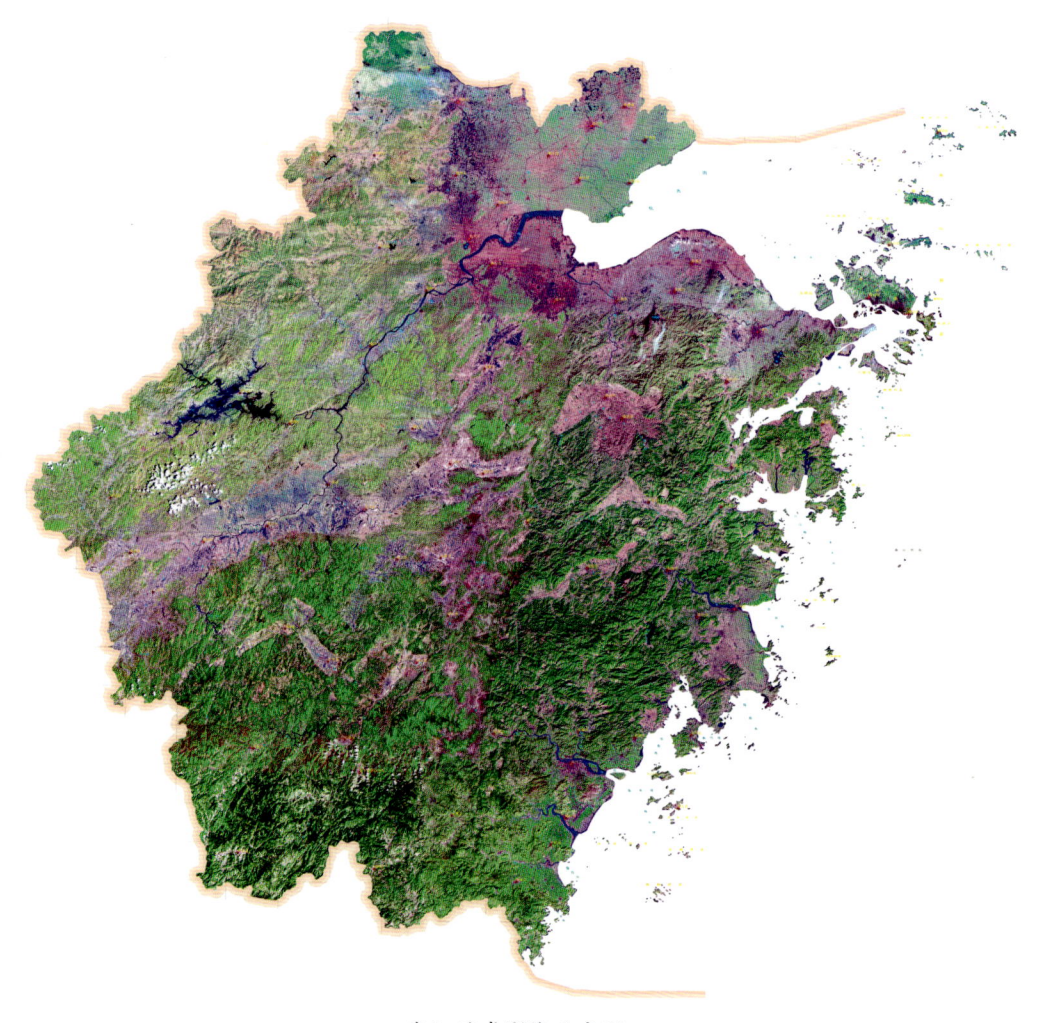

浙江遥感影像示意图

浙江地形之最

海拔最高的地方：龙泉的黄茅尖为江浙第一峰，海拔1929米，系浙江绝顶。

浙江高山排行榜

黄茅尖：位于丽水龙泉，海拔1929米。

百山祖雾林山：位于丽水庆元，海拔1 856.7米。

清凉峰：位于杭州临安，海拔1 787.4米。

仙霞岭九龙山：位于丽水遂昌，海拔1 724.4米。

上头山：位于丽水景宁，海拔1 689.1米。

◎ 花岗岩地貌

浙江中生代形成的大量侵入岩，是构成花岗岩地貌的物质基础。花岗岩是酸性岩浆侵入地壳深部的产物，冷却凝固后的花岗岩非常坚硬。然而随着第四纪地壳的差异性升降运动，这些埋藏于地下数千米深的花岗岩开始露出地表，接受百万年的风吹日晒和雨淋，经断裂切割、侵蚀风化，形成了峰林状高丘、馒头状岩丘、球状石蛋等多种形态。浙江的大明山、天台山、浮盖山等，都是典型的花岗岩地貌景观。

◎ 圆溜溜的石蛋

在浮盖山山顶上，有很多圆圆的石蛋，互相累叠，这些石蛋也是花岗岩风化的产物之一。它们是如何形成的呢？

有些花岗岩节理构造特别发育，被节理切割的花岗岩呈立方体状，有棱有角。这些花岗岩块受外力的影响，从山上崩落下来，在物理风化和化学风化的长期作用下，边棱和尖角逐渐消失，并层层剥落，直至形成一个个大小不等的球状体，也就是石蛋。遇到地势平坦的地方，石蛋就随遇而安，"就地躺平"，如果山体有高差，有些石蛋就会在重力作用下滚来滚去，相互累叠在一起。

三叠石（左）及浮盖山残留石蛋（右）（据齐岩辛，2019）

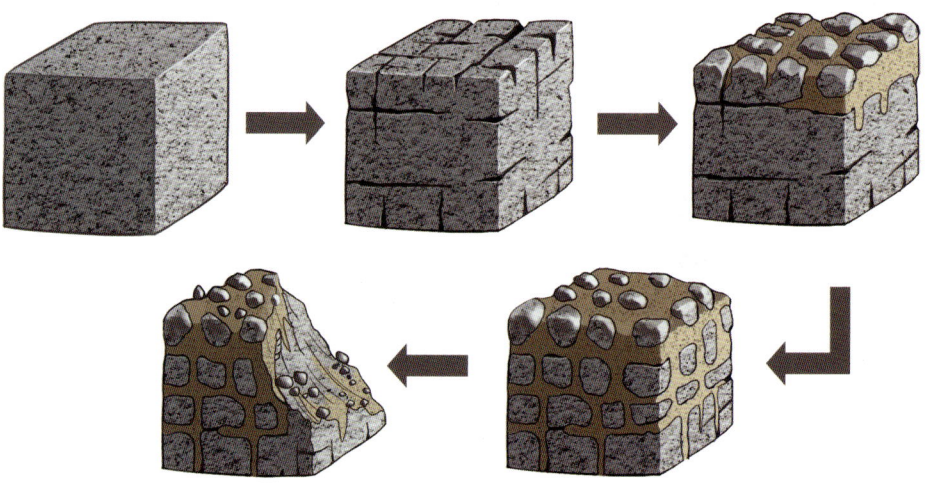

石蛋的形成原理示意图（据吴雪琴等，2019）

◎丹霞地貌

浙江的中生代盆地，在白垩纪时期沉积了厚厚的红层，砾岩、砂岩、泥岩、砂砾岩堆积构成了丹霞地貌的主体。江郎山就是典型的丹霞地貌景观，尤以"三爿石"著称。三爿石在海拔500米左右的山脊上拔地而起，三块巨石（郎峰、亚峰、灵峰）之间夹着高约300米、底宽只有4米，如刀削斧劈般的笔直巷谷，蔚为壮观。

江郎山三爿石（据齐岩辛，2019）

三爿石及巷谷的形成过程：

【幼年期】白垩纪红色砂砾岩层遭受长期剥蚀后，在大约1000万年前形成第一级夷平面，由于岩石中的垂向节理特别发育，流水沿着垂直岩层面的节理、裂隙面进行侵蚀，形成两壁直立的深沟，也就是巷谷。

【青年期】伴随着地壳抬升，在侵蚀切割、崩塌等地质作用下，巷谷持续拓宽加深，山顶面范围逐渐缩小，形成石峰、石墙或石柱等地貌。江郎山的三爿石也在此时初具雏形。

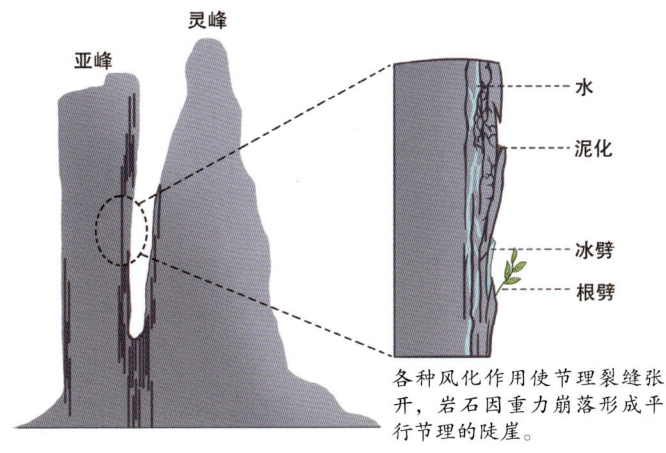

各种风化作用使节理裂缝张开，岩石因重力崩落形成平行节理的陡崖。

三爿石一线天成因示意图

【壮年期】随着侵蚀的进一步加深，堡状残峰、石墙和石柱等被支离为更矮、更小的石墙或石柱，山底缓坡则演变成零星分布的残峰、残柱、残堆，形成二级夷平面。

【老年期】100多万年前，江郎山地区被再次抬升约350米，二级夷平面上的石墙、石柱、残峰遭受侵蚀进一步缩小，成为丘陵山地，而江郎山的三爿石由于发育较多后期侵入的岩浆岩脉，极大地增强了岩体的抗风化能力，因此才能长久屹立苍穹。

◎ 喀斯特地貌

古生代浙西北地区沉积了以灰岩为主的碳酸盐岩地层，构成地层的岩石多为可溶性岩石。"玉不琢，不成器"，这些灰岩就像未经雕琢的璞玉，雨水和流水则为刻刀，不断地对灰岩进行"雕琢"，塑造了形态纷呈的喀斯特景观，即"喀斯特地貌"，也称"岩溶地貌"。根据分布位置的不同，岩溶可分为地表岩溶和地下岩溶。

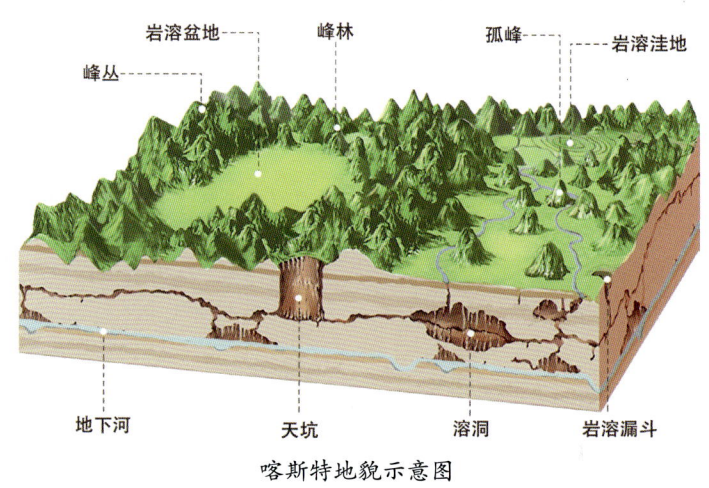

喀斯特地貌示意图

浙西北地底下藏着一个丰富的"岩溶王国"，地下水沿着可溶性岩石的层面和裂隙，溶蚀出一个巨大的地下空间，也就是溶洞。溶洞内分布着千姿百态的喀斯特微地貌景观，如石钟乳、石幔、鹅管、石花。浙西北的建德、兰溪、桐庐等地皆有分布。

灰岩不仅能发育成地下溶洞，还能变成壮丽的石林伫立于地表。千岛湖石林就发育在石炭纪碳酸盐岩之中。这些3亿多年前的灰岩原先都埋藏于海底，跟随着沧海桑田的地质变迁，大片出露地表，并受升降运动的影响产生裂缝。当裂缝产生时，流水开始施展"切割雕凿"的功夫，把这些原本"土里土气"的灰岩打造成形态万千的奇

杭州风水洞（周宗尧 摄）

千岛湖石林（周科南 摄）

山怪石。

位于常山的三衢石林发育在奥陶纪的生物礁灰岩之中，这些灰岩中含有大量的钙藻、苔藓虫、珊瑚等化石。这些本被埋藏在奥陶纪地层中的岩石重见天日后，受风雪雨水的洗礼不断风化，呈灰白色，远远望去如雪山一般，蔚为壮观。

◎ 火山地貌

浙江大地的形成与火山关系密切，尤以中生代火山喷发最具代表性。一次次的地动山摇，一次次的岩浆喷发，在浙江大地上堆积出厚重的火山岩层，形成了形态各异的火山，火山物质覆盖了浙江省一半以上的面积。

然而，受新生代地壳升降运动的影响，加之自然界的风霜雨露、酷晒冰冻，火山岩内部遭受长期的侵蚀切割，逐渐形成一条条沟谷。在持续的流水侵蚀作用下，沟谷不断加深，因谷壁失去支撑力而发生崩塌，沟谷进一步拓宽，沟谷及两侧便形成了岩嶂、锐峰、洞穴、瀑布等地貌景观。多期次的地壳抬升，使早期形成的岩嶂、锐峰等遭受破坏，逐渐缩小，演变成矗立在山顶的锐峰或峰林，直至被侵蚀殆尽或只剩残丘。

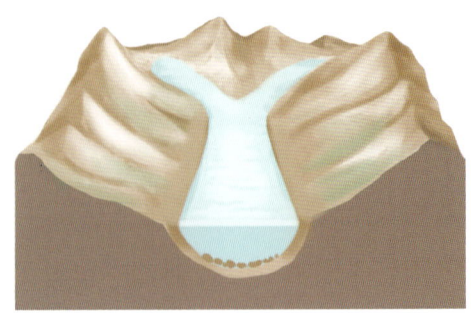

逐渐变宽的沟谷示意图

历经多轮地貌演化后,浙江大地呈现出雁荡山、神仙居、仙华山等独具特色的火山岩地貌景观。

雁荡山 金带嶂(据雁荡山管理委员会)

生物更迭——哺乳动物速崛起

哺乳动物是地球上演化最成功的动物之一。白垩纪末期,浙江的恐龙也难逃一劫,最终灭绝。在随之而来的新生代,哺乳动物迅速崛起,在海、陆、空不断进化,人类也开始踏足浙江大地。

新生代浙江哺乳动物群像复原示意图

◎ 浙江也有大熊猫

大熊猫，它可是中国的国宝。但你们知道吗？在更新世的浙江，也生活着大熊猫。然而此大熊猫非彼大熊猫，这位"老祖宗"名叫巴氏大熊猫。

巴氏大熊猫的头骨粗短，躯干粗壮，四肢强健，身高可以达到2米！巴氏大熊猫最早出现在100多万年前的早更新世，到中晚更新世的时候，大熊猫家族达到顶峰，广泛分布于中国的华南、西南和华中地区，甚至"跨境"到越南和缅甸一带。它们与牛羚、鬣羚、剑齿象、巨貘等动物"群居成团"，组成了我国南方更新世著名的大熊猫 – 剑齿象动物群。在六七万年前的晚更新世，江山、建德、临安、淳安、金华等地，都有着巴氏大熊猫的身影。

这群巴氏大熊猫可不是好惹的，它们不像现在动物园中看到的熊猫那样惬意安稳地吃竹子，它们可是"肉食主义者"，尖利的牙齿可以像铡刀一样撕碎猎物。只是物竞天择，由于生存环境的改变，它们逐渐改变牙齿构造和饮食习惯，演化成现在憨态可掬的大熊猫了。

巴氏大熊猫复原图（据《李家镇化石图集》）

◎ 更新世的巨无霸——剑齿象

南方更新世的大熊猫-剑齿象动物群，除了大熊猫外，剑齿象也是当时的重要成员，在一万年前才灭绝。

中国的剑齿象化石丰富，种类繁多，并表现出一定地域性，北方最常见的种是师氏剑齿象，南方主要为东方剑齿象。师氏剑齿象是一种特大型的剑齿象，在甘肃发现过它的完整骨架，长约8米。而东方剑齿象相对比较小，体型4～6米，比现在的亚洲象要大一些，是继中生代的恐龙后，浙江大地上的又一个"巨无霸"！剑齿象喜欢生活在温暖的环境中，一般在热带及亚热带沼泽和河边的温暖地带，在华南的哺乳动物群中，经常可以发现它的身影。剑齿象以食草为主，每天的食量可达1～2吨。它的臼齿形状非常有特点，呈数目不等的横脊齿板状，如同搓衣板一样，通过上下齿板的研磨来进食各种食物。

东方剑齿象复原图（据《李家镇化石图集》）

东方剑齿象的臼齿化石

◎ 建德人留下的两颗牙

在更新世晚期，大约10万年前，浙江建德有一群史前先民，凭借其智慧努力生活着：打制石块做成刮削器，砍伐树木制成长矛和木棒，去狩猎、去捕鱼，在山林中寻觅天然溶洞作为住宅，生火烤制食物来填饱肚子。他们有一个统一的名字——建德人。建德人与大自然进行着顽强的斗争，用他们粗壮的大手推动着社会向前迈进，揭开了人类发展史在浙江大地上的序幕。

建德人生活的洞穴（现为乌龟洞遗址）（周科南 摄）

1962年,浙江省地质局区域地质测量大队黄正维等人,在开展"浙西石炭二叠纪灰岩区喀斯特地貌及洞穴地质调查"时,首次在建德乌龟洞发现一枚古人类的第二前臼齿化石,并对化石埋藏地层进行了详细的观测与描述。1964年,他们在《古脊椎动物与古人类》杂志上公开发表了《浙东哺乳动物新产地》一文,揭开了建德人考古发现的序幕。可惜,这枚珍贵的臼齿化石如今下落不明,成为历史遗案。1974年的冬天,古生物学家在建德市李家镇新桥村乌龟洞堆积物上层,又发现了一枚古人类的牙齿化石和多种哺乳动物化石。

乌龟洞是一个天然灰岩溶洞,深7米,含有化石的土层厚1米多,分为上下两层,古人类牙齿化石即在上层厚约35厘米的紫红色黏土中被发现。经鉴定,这颗牙齿化石属于生活于更新世晚期的30岁左右的男性。根据对伴出的牛骨化石标本采用铀系法测年的结果,这颗牙齿的主人生活在5万~10万年前。它是浙江省首次发现的旧石器时代的人类化石,将浙江人类活动的历史追溯到十万年前。

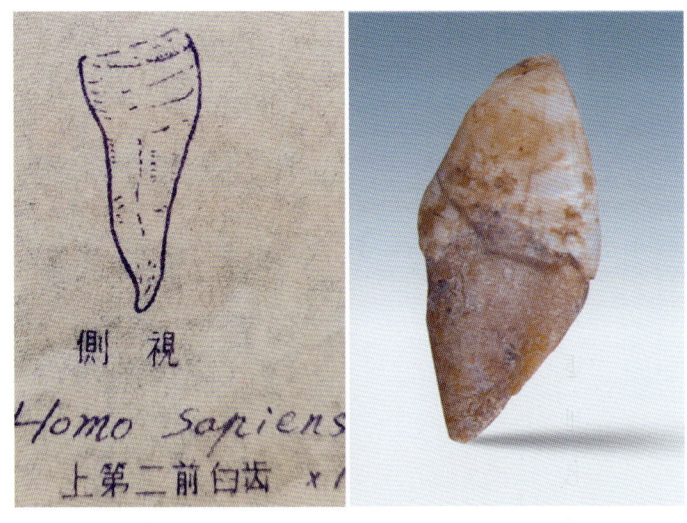

建德人牙齿化石(据建德市文化和广电旅游体育局)

与建德人牙齿一起出土的,还有猕猴、鹿、猪、羊、水牛、大熊猫、中国犀、剑齿象等多种动物化石。看来当时建德人的日子也并不太平,还得时刻提防凶禽猛兽,与它们争夺地盘和食物。

海侵海退——浙江平原终形成

第四纪早中更新世，在内、外动力的刻蚀下，浙江的地形高差超过1000米，加上当时气候转暖，雨量增多，水流侵蚀作用增强，出现缓慢的沉积，河流、湖泊中松散堆积物不断堆积，形成杭嘉湖平原、宁绍平原、温黄平原、温瑞平原和鳌江平原五大平原的雏形。

在11万~1万年前的晚更新世，浙江的气候很古怪：冷暖更替频繁、气温变化幅度增大。温度忽高忽低，导致海平面高高低低变化。浙江沿海平原在大规模的海水入侵下，时而淹没于水下，时而露出水面成陆。

以钱塘江南岸的宁绍平原为例，那时候被来回淹了三次，分别为"星轮虫海侵""假轮虫海侵""卷转虫海侵"。所谓的"星轮虫""假轮虫""卷转虫"，都是指在地层中发现的古生物化石。每次海侵，就会将特定的海洋生物掩埋于地层之中，这种小虫子就变成了区分每次海侵的工具，用来命名相应的海侵事件。

第一次的星轮虫海侵在11万年前开始，7万年前达到了高峰，那时候的海平面比现在要高5~7米，宁绍平原的大部分地区都被海水淹没。高峰之后的2.5万年间，海水才慢慢退去，直到4万年前，海平面到达低点，比现在低70多米。

第二次的假轮虫海侵紧接而上，从4万年前开始向陆地进发，到2.5万年前后开始撤退。这一撤退，一退就是1万年，海平面比现在低150多米。宁绍平原以东的地区，出现了大面积的陆地。

第三次的卷转虫海侵从1.5万年前开始。这次的海侵比前两次都要来得凶猛，不仅是宁绍平原，连杭嘉湖平原的西部，也就是安吉、长兴一带，都被海水淹没。

那时候浙江沿海平原的遭遇都和宁绍平原差不多，被海水来回入侵了三次，且规模一次比一次大。在最后一次，也就是最大的那次海侵中，好多平原全部被淹没。直到全新世中晚期海水退去，浙江五大平原才正式形成。至此，浙江山海格局基本奠定。

卷转虫海侵示意图

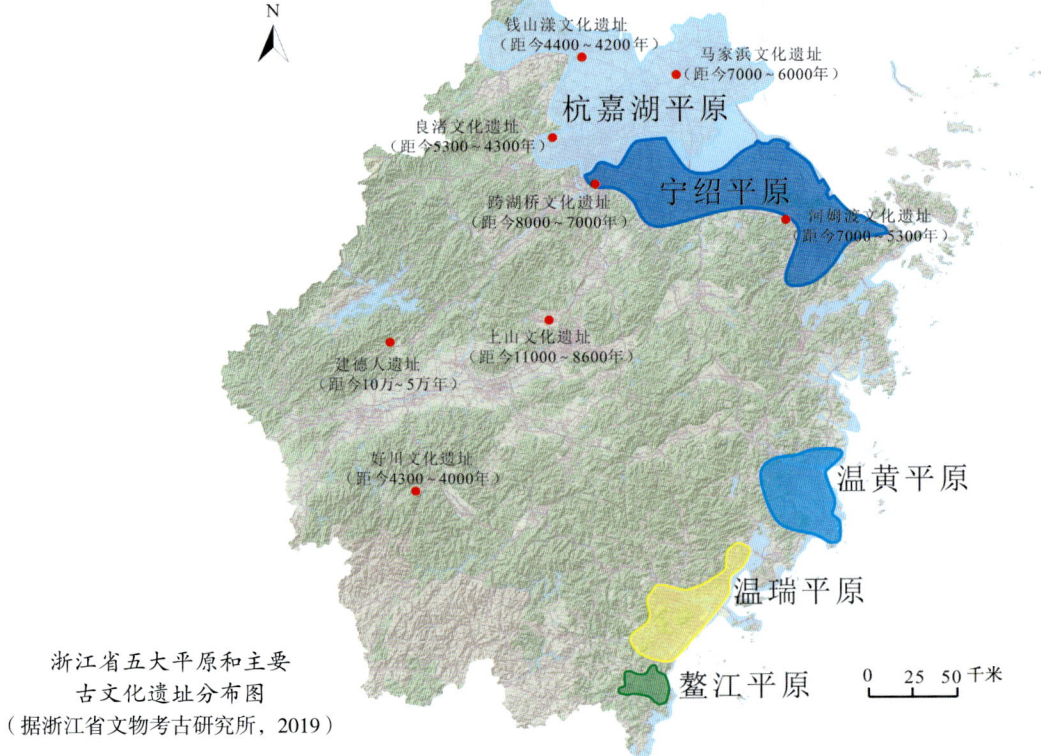

浙江省五大平原和主要
古文化遗址分布图
（据浙江省文物考古研究所，2019）

平原启明——人类文明传薪火

更新世以来频繁的海侵沉积和动植物生命的繁盛，给浙江大地带来了丰富的有机质，形成了土壤肥沃的滨海平原，这也为浙江省内古人类活动从山地向平原进军提供了得天独厚的条件。人类文明开始孕育，史前先民从"上山"出发，横跨"一座桥"，过一个"渡口"，来到了美丽的"小洲"。

◎ 上山遗址

1.2 万年前甚至更早的时间，史前先民过着半定居的生活，住在山上的洞穴之中，当一个洞穴周边的环境不适宜生存的时候，他们就搬到其他洞穴中去，这些洞穴有一个统一的名字——洞穴遗址。

金衢盆地周围的山脉中，发育有诸多灰岩溶洞，但却没有发现同时期的洞穴遗址，也没有发现季节性迁居的遗存现象，而且上山文化遗址群也都分布在河谷盆地边缘的山前台地。这说明 1 万年前的上山人，已经告别了祖辈老土的洞穴，开始走向平原旷野，实现了人类居住方式的一大飞跃。

在平地定居的上山人考量了地形后，选择了一片地开始打造浙江"远古第一村"。他们修筑类似护城河的环壕，用来抵御洪水、猛兽的攻击。在环壕内的聚落区，上山人居住在干栏式房屋、半地穴式房屋中，房屋旁还有专门的广场用来烧制生活所需的陶器。

上山人吃什么呢？"万年上山，世界稻源"。1 万年前，一粒稻米在这片河谷盆地中生根发芽。上山人觉得不能光吃打猎获得的肉，还得吃点"主食"，这样才能营养均衡。于是他们开始在盆地土壤肥沃的田野中耕耘，悉心栽培，等待稻种开出花，结成穗，再用石片掐穗收割。这些稻米不仅能果腹，还有很多用处：脱粒后的稻壳和陶土相伴，制作成陶器；发酵过的米浆封存在罐子里，酿造出酒。不得不说，1 万年前的上山人还是非常懂得享受生活的。

上山人聚落区复原图

◎ 跨湖桥遗址

从全新世初期开始，随着更新世末次冰期结束，温度逐渐上升，浙江东部沿海地区一次次的海水波动上涨，使得潮流沿钱塘江逆流而上，漫浸平原低洼地区，在海水退去时，形成平原沼泽。到了8000年前，在萧山湘湖一带，空气湿润，气候温暖。这里植被繁盛，榆树、松树、杉树等高大的树木覆盖着古湘湖边的山坡，林下的杜鹃开得茂盛，河岸边杨柳依依，鹿、野猪、獾等动物出没于低湿的草地边，芦苇丛中还有野鸭、天鹅的踪迹，整个环境一片宁静祥和。

跨湖桥先民觉得这儿环境不错，就决定在沼泽及潮上带的高地中安营扎寨定居下来。他们修建干栏式建筑，利用山上的泥土制作红衣陶器，豢养猪狗等家畜，在田边种植稻米，日常的生活持续稳定。跨湖桥先民日出而作、日落而息，然而平淡的日子却时常遭到海水的侵扰。

尽管如此，跨湖桥先民依旧勇立潮头，他们"刳木为舟，剡木为楫"，建造了独木舟，用以出海捕捞、采集水生植物。跨湖桥遗址出土的独木舟,记录了 8000 年前先民们出海"讨生活"的历史。

停泊于 6.5 米深的湘湖水下的独木舟(据跨湖桥遗址博物馆)

然而人力终究难挡自然灾害。钱塘江潮水的肆虐、长时间的海潮淹没,让跨湖桥人倍感心累。海水淹没了他们安居 1000 余年的村落,他们被迫远离故土。这一走,他们就再也没有回来过,以至于如同"人间蒸发"一样。他们去哪里了,北上去了江苏、山东?南下去了金华?不得而知。

◎ **河姆渡遗址**

7000 多年前,杭州湾南岸,河姆渡人开始在浙江东北部的宁绍平原定居了。这里面朝东海,南边为连绵的山地丘陵,西边为曹娥江,北边为杭州湾,地处丘陵山地与沼泽平原交界地带。

温热湿润的气候以及优越的地理环境,给河姆渡人提供了充足的食物来源。他们制作木弓、骨镞、石球等工具去捕鱼狩猎,用钩、叉等工具采集菱角、橡子、芡实。

除了采摘自然生长的食物外,河姆渡人还养殖猪、牛、狗作为家畜,种植水稻。在河姆渡遗址中,发现了极为丰富的稻作遗存,如成层的稻谷壳、散落在干栏式房屋下面的炭化稻米,以及骨耜、木杵、石磨盘等耕作加工工具。为了适应江南地区多雨、潮湿的环境,河姆渡人和跨湖桥人一样,建造了干栏式建筑,不仅能防蛇虫猛兽,还可以饲养家畜、堆放杂物。

河姆渡干栏式建筑(周科南 摄)

靠水吃水,河姆渡人也会制作和利用独木舟。在河姆渡遗址中,出土了8件保存状况不一的木桨和1个非常像船的小陶舟,以及一些海鱼骨头。在河姆渡人使用的陶器上,还有海生贝类动物"蚶"的壳缘齿纹。种种迹象都表明,当时的河姆渡人已经掌握了近海航行和捕捞的技术。

由于地处亚热带滨海环境,河姆渡人也经常遭受海水的影响。在6000多年前,一场大的海啸或风暴潮袭击了河姆渡人的家园。祸不单行,余姚江也改道,江水淹没了房屋,先民们被迫转移到其他高地。

◎ 良渚遗址

在 5300～4300 年前，良渚的先民建成了规模宏大的良渚古城。这座古城遗址坐落在属天目山余脉南北两列低山丘陵之间的冲积平原之上，由人工修整堆筑营建而成，呈圆角长方形，正南北方向，具有完整的都城结构，由内而外依次为宫城、王城、外郭城和外围水利系统，是良渚文化的政治、经济、文化中心。城内的良渚人能烧制具有黑色光泽的精美陶器——黑陶，用作日常生活器物，能工巧匠则制作出精美绝伦的玉礼器，如玉琮、玉钺、玉璜等。维系社会等级制度的玉器和反映权力集中的大型公共工程成为良渚文化最显赫的表征，国家在这一时期开始形成，社会也进入了文明时代。

良渚文化神人兽面纹玉三叉形器（据良渚博物院）

值得一提的是，古城外围的水利系统，是迄今所知中国最早的大型水利工程，兼有防洪、运输、灌溉、用水等功能。在古城的西面和北面，分布着 11 条堤坝，坝体的内芯采用"草裹泥"的工艺，用芦荻茅草将泥土包裹成长圆形的泥包，然后横竖堆砌成堤。这种方式与现代营建堤坝使用草袋装土类似，可使坝体抗拉强度增加，不易崩塌。

西边的良渚古城一片热闹的时候，东边也就是现在的杭州城区地带，在 5000 年前还是一片滩泽。发源于天目山余脉的苕溪流经现在的西溪、古荡、松木场等地，再汇入钱塘江。那时候的钱塘江也没有大堤，一到雨季，到处积水，不满足居住条件。可以说，5000 年前的良渚人，多是住在现今的良渚一带。

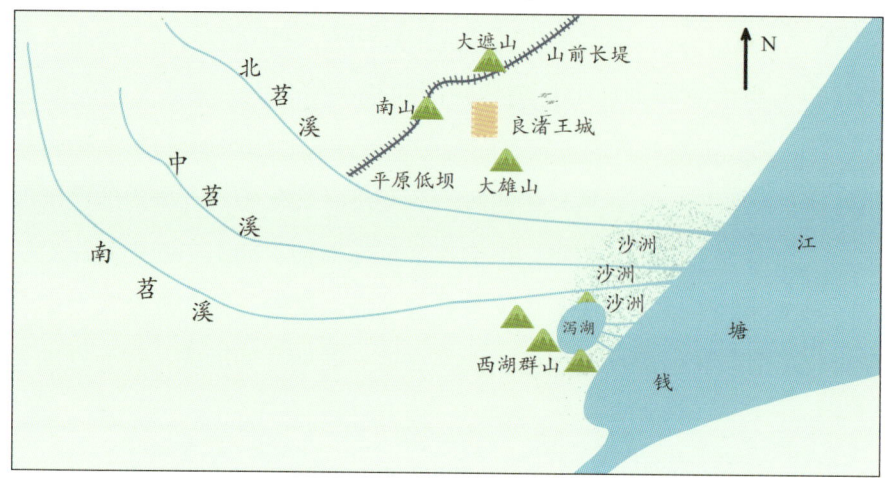

5000年前良渚古城所处的地理位置示意图（据赵弘中，2021）

良渚先民生活场景构想图（汪筱芳 绘）

和跨湖桥、河姆渡先民的结局相似，良渚遗址的消失与海水入侵也有很大关系。距今4300～4000年，海平面的短期快速上升，使长江三角洲平原处于一片汪洋之中，经历了千年发展起来的良渚文明毁于一旦。许多聚落被洪水冲走，文明被摧毁，赖以生存的农耕地更是常年被淹没在水中。在良渚遗址之上普遍存在一层厚厚的海相沉积，这些沉积物是良渚古城曾被海水淹没的直接证据。

这里不得不提的就是"大禹治水"的历史传说了。近年来对青铜器铭文的阐释以及对黄河流域的考古学研究发现，"大禹治水"或许并非只是战国时期托古言事的产物，而是有据可循的发生在4100年前的历史事件，这和良渚文明神秘消失的时间基本吻合。

良渚人去哪里了？或许到了会稽山和浙西的丘陵高地再建家园。

结 语

在漫长的地球演变过程中，浙江经历沧海桑田。着眼于浙江这块 10.55 万平方千米的土地，在 20 亿年的地质岁月中，它承受过古陆的碰撞拼接，目睹过炽热岩浆的滚滚涌流，经历过漫长的海侵海退。地质运动造就了浙江的轮廓，苍山为骨，江河为脉，复杂的自然因素雕琢出浙江的美颜，每一粒山石都是镌刻在浙江大地上的印记。

万年如一瞬，一眼自万年。

浙江省地质博物馆内，一幅波澜壮阔的亿年史诗画卷徐徐展开。小小山石见证过浙江大地的变迁，如今它们穿越古今，从山川中走来，静坐于展厅之中，作为曾经的亲历者和见证者，向观众娓娓道来那些曾经发生在它们身上惊心动魄的地质故事。

时光流转数亿年，云霞明灭，山海依在。

主要参考文献

蔡正全，赵丽君，1999. 浙江发现晚白垩世一长尾鸟化石 [J]. 中国科学，29（2）：122-128.

陈其奭，1988. 浙江晚泥盆世西湖组的楔叶类化石 [J]. 古生物学报，4：406.

陈荣华，1992. 浙江沿海地区第四纪海侵 [J]. 海洋学报，3：76-85.

陈忠大，覃兆松，梁河，等，2002. 杭嘉湖平原第四纪地层高精度对比方法研究 [J]. 中国地质，29（3）：275-279.

盖志锟，2022. 我们的耳朵曾经是鱼类的鳃 [J]. 科学，72（6）：32.

盖志锟，朱敏，赵文金，2005. 浙江长兴志留纪真盔甲鱼类新材料及真盔甲鱼目系统发育关系的讨论［J］. 古脊椎动物学报，1：61-75.

蒋乐平，陈明辉，王永磊，2022. 浙江新石器时代考古 [M]. 杭州：浙江人民出版社.

金幸生，杜天明，郑文杰，等，2012. 龙行浙江：浙江出土恐龙化石 [M]. 杭州：浙江人民美术出版社.

鞠天吟，1983. 浙江早寒武世荷塘组和大陈岭组的三叶虫 [J]. 古生物学报，6：629-638.

刘冠邦，王谦，1994. 浙江长兴新发现的中华旋齿鲨化石 [J]. 古脊椎动物学报，4：244-248.

刘宪亭，魏丰，1988. 浙江长兴灰岩中的龙鱼化石 [J]. 古脊椎动物学报，2：81.

刘远栋，朱朝辉，刘风龙，等，2024. 浙江地质·杭州山水 [M]. 武汉：中国地质大学出版社.

卢衍豪，林焕令，1980. 浙西寒武－奥陶系得分界及所含三叶虫 [J]. 古生物学报，2：118-138.

吕君昌，东洋一，陈荣军，等，2008. 浙江东阳晚白垩世早期一新的巨龙形类恐龙 [J]. 地质学报，82（2）：225-235.

马黎，浙江省文物考古研究所，2021. 考古浙江：万年背后的故事 [M]. 杭州：浙江古籍出版社.

门凤岐，赵祥麟，1993. 古生物学导论 [M].2版. 北京：地质出版社.

齐岩辛，张岩，2019. 浙江省重要地质遗迹 [M]. 武汉：中国地质大学出版社.

钱迈平，2000. 华夏龙谱（14）——临海浙江翼龙 [J]. 江苏地质，24（1）：62.

钱迈平，2011. 华夏龙谱（57）——礼贤江山龙 [J]. 地质学刊，35（1）：72.

钱迈平，2011. 华夏龙谱（58）——中国东阳龙 [J]. 地质学刊，35（2）：159.
钱迈平，2011. 华夏龙谱（59）——丽水浙江龙 [J]. 地质学刊，35（3）：274.
钱迈平，2011. 华夏龙谱（60）——始丰天台龙 [J]. 地质学刊，35（4）：385.
钱迈平，2012. 华夏龙谱（62）——天台越龙 [J]. 地质学刊，36（1）：164.
钱迈平，马雪，段政，等，2019. 叠层石：最古老的生命记录 [M]. 武汉：中国地质大学出版社.
日本朝日新闻出版，2020. 46亿年的奇迹·地球简史 [M]. 傅栩，等译. 北京：人民文学出版社.
王念忠，刘宪亭，1981. 浙江长兴祖的空棘鱼化石 [J]. 古脊椎动物与古人类，4：305-312.
魏丰，1977. 浙江长兴灰岩中扁体鱼化石的发现 [J]. 古生物学报，2：293-296.
吴雪琴，唐小明，等，2019. 漫画江山 [M]. 武汉：中国地质大学出版社.
徐洪河，2008. 一亿年的跨越：从孢子和种子 [J]. 生命·科学，9：63.
殷鸿福，张克信，童金南，等，2001. 全球二叠系—三叠系界线层型剖面和点 [J]. 中国基础科学，10：10-23.
俞方明，2013. 浙江恐龙：浙江省恐龙化石调查与研究 [M]. 杭州：浙江人民出版社.
曾广春，纵瑞文，刘琦，2018. 隐藏的风景：广西古生物化石记 [M]. 南宁：广西美术出版社.
张克信，赖旭龙，童金南，等，2009. 全球界线层型华南浙江长兴煤山剖面牙形石序列研究进展 [J]. 古生物学报，48（3）：474-486.
张元动，陈旭，2008. 奥陶纪笔石动物的多样性演变与环境背景 [J]. 中国科学（D辑：地球科学），1：10-21.
浙江省文物考古研究所，2019. 浙江考古：1979—2019[M]. 北京：文物出版社.
郑文杰，2018. 浙江发现最古老的具尾锤新种甲龙：中国缙云甲龙 [J]. 化石，3：79-80.
中国科学院南京地质古生物研究所，2013. 中国"金钉子"：全球标准层型剖面和点位研究 [M]. 杭州：浙江大学出版社.
CHEN X, BERGSTROM S M, 1995. The base of *austrodentatus* Zone as a level for global subdivision of the Ordovician System[J]. Palaeoworld, 5：67-74.
ZHENG W J, JIN X S, SHIBATA M, et al., 2012. A new ornithischian dinosaur from the Cretaceous Liangtoutang Formation of Tiantai, Zhejiang Province, China[J]. Cretaceous Research, 34：208-219.